[Wissen für die Praxis]

Weiterführend empfehlen wir:

Urlaubsrecht
ISBN 978-3-8029-4214-3

Unternehmenskrise: sanieren oder liquidieren?
ISBN 978-3-8029-4217-4

Gesellschaftsrecht
ISBN 978-3-8029-4206-8

HGB, GmbH, AktG, Wirtschaftsgesetze kompakt
ISBN 978-3-8029-2097-4

E-Mail: WALHALLA@WALHALLA.de
http://www.WALHALLA.de

Walhalla Fachverlag · Haus an der Eisernen Brücke · 93042 Regensburg
Telefon 0941 5684-0 · Telefax 0941 5684-111

Ostermaier · Vogt · Vogt

UNTERNEHMENSKAUF

Rechtssicherer Kauf und Verkauf

WALHALLA

Bibliografische Information der Deutschen Nationalbibliothek
Die Deutsche Nationalbibliothek verzeichnet diese Publikation in der Deutschen Nationalbibliografie; detaillierte bibliografische Daten sind im Internet über http://dnb.dnb.de abrufbar.

Zitiervorschlag:
Christian Ostermaier, Sylvia Vogt, Wilhelm Vogt, Unternehmenskauf
Walhalla Fachverlag, Regensburg 2019

Hinweis: Unsere Werke sind stets bemüht, Sie nach bestem Wissen zu informieren. Alle Angaben in diesem Buch sind sorgfältig zusammengetragen und geprüft. Durch Neuerungen in der Gesetzgebung, Rechtsprechung sowie durch den Zeitablauf ergeben sich zwangsläufig Änderungen. Bitte haben Sie deshalb Verständnis dafür, dass wir für die Vollständigkeit und Richtigkeit des Inhalts keine Haftung übernehmen.
Bearbeitungsstand: Mai 2019

Produktion: Walhalla Fachverlag, 93042 Regensburg
Printed in Germany
ISBN 978-3-8029-4218-1

Schnellübersicht

Kauf und Verkauf von Unternehmen

Inhaber[1] und Geschäftsführer kleinerer und mittlerer Unternehmen werden oft erst dann mit dem Thema Unternehmensverkauf konfrontiert, wenn ein Nachfolger gesucht wird. Aber auch in anderen Lebensphasen kann es aus wirtschaftlichen oder persönlichen Gründen sinnvoll sein, sich von seinem bestehendem Unternehmen oder einem Teil davon zu trennen. Umgekehrt kann der Erwerb eines schon am Markt eingeführten Unternehmens sowohl für Gründer als auch zur Ergänzung eines eigenen schon bestehenden Betriebs interessant sein, gerade, um etwa Synergieeffekte oder besonderes Know-how für die eigene Firma nutzbar zu machen.

Die Durchführung eines Unternehmenskaufs oder -verkaufs stellt in aller Regel für die Beteiligten eine besondere Herausforderung dar. Dies schon deshalb, weil diese Situation wohl bei kleineren und mittelständischen Unternehmen nicht besonders häufig vorkommt. Ein Nachfolger wird in vielen Fällen nur einmal in der unternehmerischen Laufbahn gesucht. Außerdem handelt es sich um eine höchst komplexe Materie. Fachliteratur zum Thema bietet der Büchermarkt zuhauf – allerdings richtet diese sich vornehmlich an beratende Spezialisten, wie Steuerberater oder Rechtsanwälte. Dieser Fachratgeber kann zwar keine fachkundige Beratung im konkreten Einzelfall ersetzen, denn diese erfordert stets die Berücksichtigung aller individuellen Motive und tatsächlichen Gegebenheiten. Er soll jedoch dem Unternehmer, der sich neben dem Unternehmenskauf auch noch auf sein Kerngeschäft konzentrieren möchte, knapp und praxisnah ein grundsätzliches Bild von den juristischen Gestaltungsmöglichkeiten und Konsequenzen vermitteln, so dass der interessierte Unternehmer mit seinen individuellen Beratern auf Augenhöhe kommunizieren kann.

Dr. Christian Ostermaier Sylvia Vogt Dr. Wilhelm Vogt

---

[1] Im gesamten Text steht die männliche Form stellvertretend für Personen beiderlei Geschlechts.

Abkürzungsverzeichnis

a. A.	anderer Ansicht
ABl.	Amtsblatt
Abs.	Absatz
AEUV	Vertrag über die Arbeitsweise der EU
a. F.	alte Fassung
AGB	Allgemeine Geschäftsbedingungen
AktG	Aktiengesetz
AO	Abgabenordnung
Art.	Artikel
AufenthG	Aufenthaltsgesetz
AWG	Außenwirtschaftsgesetz
AWV	Außenwirtschaftsverordnung
BaFin	Bundesanstalt für Finanzdienstleisungsaufsicht
BAG	Bundesarbeitsgericht
BBodSchG	Bundes-Bodenschutzgesetz
BDSG neu	Bundesdatenschutzgesetz neu
BeurkG	Beurkundungsgesetz
BFH	Bundesfinanzhof
BGB	Bürgerliches Gesetzbuch
BGH	Bundesgerichtshof
DGSVO	Datenschutzgrundverordnung
DStR	Deutsches Steuerrecht
EGBGB	Einführungsgesetz zum Bürgerlichen Gesetzbuch
ESMA	Europäische Wertpapier- und Marktaufsichtsbehörde
EuG	Gericht der Europäischen Union
EuGH	Gerichtshof der Europäischen Union
EWR	Europäischer Wirtschaftsraum
ff.	fortfolgende
FKVO	Fusionskontrollverordnung
GmbH	Gesellschaft mit beschränkter Haftung
GmbHG	Gesetz betreffend die Gesellschaften mit beschränkter Haftung
GWB	Gesetz gegen Wettbewerbsbeschränkungen
HGB	Handelsgesetzbuch
h. M.	herrschende Meinung
IDW	Institut der Wirtschaftsprüfer in Deutschland

InsO	Insolvenzordnung
KG	Kommanditgesellschaft
KGaA	Kommanditgesellschaft auf Aktien
LoI	Letter of Intent
LPartG	Lebenspartnerschaftsgesetz
MiFiDII	Markets in Financial Instruments Directive (Richtlinie 2014/65/EU)
MAC	Material Adverse Change
MMVO	Marktmissbrauchsverordnung/VO Nr. 596/2014
m. w. N.	mit weiteren Nachweisen
NDA	Non-Disclosure Agreement
NZG	Neue Zeitschrift für Gesellschaftsrecht
OHG	Offene Handelsgesellschaft
OLG	Oberlandesgericht
PartG	Partnerschaftsgesellschaft
PartGG	Partnerschaftsgesellschaftgesetz
ROM-I-VO	Verordnung (EG) Nr. 593/2008 vom 17. Juni 2008 über das auf vertragliche Schuldverhältnisse anzuwendende Recht (Rom I)
Rz.	Randziffer
SPA	Sale-and-Purchase-Agreement
SPV	Special Purpose Vehicle
StGB	Strafgesetzbuch
UG	Unternehmergesellschaft (haftungsbeschränkt)
UmwG	Umwandlungsgesetz
UWG	Gesetz gegen den unlauteren Wettbewerb
VDD-Report	Vendor Due Diligence Report
W&I Insurance	Warranty und Indemnity Insurance
WM	Zeitschrift für Wirtschafts- und Bankrecht
MoMiG	Gesetz zur Modernisierung des GmbH-Rechts und zur Bekämpfung von Missbräuchen
WpHG	Wertpapierhandelsgesetz

Literaturverzeichnis

Baumbach, Adolf/Hueck,Alfred, GmbHG – Kommentar, 21. Auflage, München 2017

Beck'sches Handbuch der GmbH, 5. Auflage, München 2014

Beck'sches Notar-Handbuch, 6. Auflage, München 2015

Beisel, Wilhelm/Klumpp, Hans-Hermann, Der Unternehmenskauf, 7. Auflage, München 2016

Bühren, Lars, Auswirkungen des Insiderhandelsverbots der EU-Marktmissbrauchsverordnung auf M&A-Transaktionen, NZG 2017, S. 1172

Ebenroth, Thomas/Boujong, Karlheinz/Joost, Detlev/Strohn, Lutz, Handelsgesetzbuch, 3. Auflage, München 2014

Habersack, Mathias, Gesellschafterdarlehen nach MoMiG: Anwendungsbereich, Tatbestand und Rechtsfolgen der Neuregelung, ZIP 2007, S. 2145

Heeg, Volker, Haftet der Betriebsnachfolger für Einkommensteuerschulden des früheren Inhabers?, DStR 2012, S. 2159

Hermanns, Marc, Beurkundungspflichten im Zusammenhang mit Unternehmenskaufverträgen und -umstrukturierungen, ZIP 2006, S. 2296

Lauster, Georg, Behandlung von Gesellschafterdarlehen im Rahmen von M&A-Transaktionen im Lichte der jüngsten Rechtsprechung des Bundesgerichtshofs, WM 2013, S. 2155

Münchener Kommentar zum Bürgerlichen Gesetzbuch, Band 3, 7. Auflage, München 2016 (zit. MüKo-BGB-Bearbeiter)

Schimansky, Herbert/Bunte, Hermann-Josef/Lwowski, Hans Jürgen, Bankrechts-Handbuch, 5. Auflage, München 2017

Schüppen, Matthias/Schaub, Bernhard, Münchener Anwaltshandbuch Aktienrecht, 3. Auflage, München 2018

Wicke, Hartmut, GmbHG – Kommentar, 3. Auflage, München 2016

Motive und Vorüberlegungen

1. Vorbemerkungen

Verlauf und Ergebnis eines Unternehmenskaufs hängen maßgeblich von den Motiven, die dem Kauf bzw. Verkauf zugrunde liegen, ab. Lassen die individuellen Umstände eine längerfristige Planung zu, sollte die Zeit auch genutzt werden. Zeitdruck kann sich negativ auf das Verhandlungsergebnis, insbesondere auch auf den ausgehandelten Kaufpreis auswirken. Wer z. B. einen Nachfolger sucht, sollte frühzeitig damit beginnen, um dann nicht das erstbeste Angebot akzeptieren zu müssen. Die tatsächliche Übergabe kann dann durchaus noch mit der individuellen Lebensplanung abgestimmt werden.

2. Keine pauschale Lösung

Allerdings lassen bestimmte Situationen keine allzu lange Vorlaufzeit zu, sei es, dass sich z. B. die gesundheitlichen Lebensumstände plötzlich geändert haben oder z. B. ein kurzfristiger Liquiditätsengpass entstanden ist, der durch einen Investor ausgeglichen werden soll. Hier gilt es, möglichst rasch aus der Situation das Bestmögliche herauszuholen. Umgekehrt kann ein zum Verkauf angebotenes Objekt für einen Käufer aus strategischen Gründen so reizvoll sein, dass man es nicht einem Konkurrenten überlassen möchte.

Auch wenn eine schnelle Entscheidung und Abwicklung das Gebot der Stunde sein mögen, dürfen neben dem Kaufpreis folgende Punkte nicht vernachlässigt werden:

- steuerliche Folgen des Verkaufs
- erbrechtliche Konstellationen und Konsequenzen des Verkaufs
- Vermeidung von Konflikten, insb. bei Familienbetrieben und mit Mitgesellschaftern
- ggf. begleitende Finanzierung für den Käufer
- rechtssichere Abwicklung des Vertrags

Insbesondere unter Berücksichtigung der ersten vier genannten Regelungsgegenstände wird deutlich, dass es keine pauschale optimale Lösung für „den" Unternehmens(ver-)kauf geben kann.

3. Familiäre Aspekte

Neben den steuerlichen Aspekten ist oftmals auch die familiäre Situation des Verkäufers von besonderer Relevanz und in die Gesamtüberlegungen miteinzubeziehen. Das Unternehmen stellt oftmals nicht nur die Altersversorgung des Verkäufers und evtl. mitzuversorgender Angehörigen dar. Die Unternehmensübertragung auf einen Erben kann auch Pflichtteilergänzungsansprüche der übrigen gesetzlichen Erben nach sich ziehen, die nicht einkalkuliert waren. Dies gilt auch dann, wenn das Unternehmen nicht verschenkt, sondern unter (Verkehrs-)Wert verkauft wird.

Ist das Unternehmen das einzige wesentliche Vermögen des Unternehmers und ist er verheiratet oder verpartnert, so muss evtl. die Zustimmung des Ehegatten/Partners zur Übertragung eingeholt werden (§§ 1365 BGB, 6 LPartG, 1423 BGB).

4. Mitwirkungserfordernisse

Je nach Unternehmensform und Satzung bzw. Gesellschaftsvertrag kann die Zustimmung von Mitgesellschaftern zur Anteilsübertragung erforderlich und/oder an bestimmte Konditionen gebunden sein. In Satzungen von Gesellschaften, sofern nicht schon von Gesetzes wegen der Fall (bei GbR, OHG, KG oder PartG ist schon von Gesetzes wegen die Zustimmung der Mitgesellschafter bei einem Neueintritt vorgesehen; §§ 717 BGB, 105 Abs. 3, 161 Abs. 2 HGB; 1 Abs. 4 PartGG), wird oftmals eine Zustimmung der übrigen Gesellschafter zu einer Anteilsübertragung vorausgesetzt. Auch Regelungen zur vorrangigen Übernahme von Anteilen durch die verbleibenden Gesellschafter aus Vorkaufsrechten sind nicht unüblich. Bei einer Personengesellschaft sind vor dem Abschluss eines Vertrages also unbedingt sämtliche Begleitumstände und Motive sowie die finanziellen Folgen in alle Richtungen abzuklären. Nur wenn der Unternehmer seine Berater insoweit umfassend informiert, können diese eine maßgeschneiderte Lösung für ihn erarbeiten.

Beraterleistungen (welcher Berater wofür?)

1. Vorbemerkungen

Ohne die Unterstützung einer professionellen Beratung mit einschlägigen Erfahrungen wird ein Unternehmenskauf kaum sachgerecht zu bewerkstelligen sein. Die mit einem Unternehmenskauf einhergehenden Risiken, aber auch Chancen wiegen regelmäßig schwerer als das grundsätzlich nachvollziehbare Motiv einer möglichen Kostenersparnis.

2. Spezialisten

Da die Materie insgesamt eine erhebliche Komplexität aufweist, sind in aller Regel verschiedene Spezialisten einzuschalten. Dies wäre zunächst für den steuerlichen Bereich selbstverständlich ein Steuerberater oder Fachanwalt für Steuerrecht. Ob man hier den Berater, der sich im Alltagsgeschäft bewährt hat und das Unternehmen schon gut kennt, wählt oder auf einen Spezialisten zurückgreift, hängt vom Einzelfall ab. Oftmals erscheint es sinnvoll, beide Berater einzubeziehen. Denn das Fachwissen des einen kann dann mit den speziellen Kenntnissen des anderen aus der langjährigen Beraterbeziehung ergänzt werden. Dasselbe gilt für die juristische Beratung. Auch hier wird es ratsam sein, einen Experten hinzuzuziehen. Oft sind es Fachanwälte für Handels- und Gesellschaftsrecht, die auf dem Tätigkeitsgebiet der Unternehmenskäufe über besonderes Fachwissen verfügen. Insbesondere, wenn der Vertragspartner ein größeres Unternehmen oder Konzern ist, sollte man damit rechnen, dort auf routinierte Verhandler zu treffen, für die der Kauf von Unternehmen zum Tagesgeschäft gehört und die partiell sogar eigene M&A-Abteilungen vorhalten. Umso wichtiger ist es für den Verkäufer, seinerseits einen kompetenten Profi an seiner Seite zu haben, um auf Augenhöhe agieren zu können.

Je nach Einzelfall kann es notwendig sein, noch weitere Spezialisten hinzuziehen, beispielsweise zur Frage der Bewertung des Unternehmens. Beispielhaft seien hier Gutachter zu nennen, die Grundbesitz oder Betriebsanlagen taxieren. Wirtschaftsprüfer werden zur Bewertung des Unternehmens eingeschaltet. Auch für diese Tätigkeiten gibt es Fachleute, die auf Unternehmenskäufe spezialisiert sind.

3. Honorar

Steuerberater, Wirtschaftsprüfer und Rechtsanwälte vereinbaren in der Regel anstelle der gesetzlichen Vergütung nach der jeweils einschlägigen Vergütungsordnung Stundenhonorare (je nach dem Gebührenwert kann durchaus die Vergütung nach Vergütungsordnung erheblich höher als eine Abrechnung auf Stundenbasis sein). Stundenhonorare können stark variieren, sowohl regional als auch je nach Größe und Fachwissen der Kanzlei. Bei Rechtsanwälten setzt sich auch immer häufiger eine erfolgsabhängige Prämie als ein Bestandteil der Vergütung durch.

4. Projektmanager

Möchte sich der Unternehmer zusätzlich – auch in zeitlicher Hinsicht – entlasten, kann er außerdem einen Projektmanager oder Transaktionsberater (auch M&A-Berater genannt) engagieren. Dieser übernimmt dann je nach Auftrag die Vorbereitung und die Organisation des Transaktionsprozesses. Auch die Suche nach einem Interessenten kann ihm übertragen werden. Typischerweise verfügt dieser über die entsprechenden Kontakte und weiß, worauf zu achten ist. Als Außenstehender bringt er eine objektive Sichtweise mit. Er kann bisweilen eher beurteilen, welche Vorstellungen realistisch sind und welchen Besonderheiten des Einzelfalls besondere Bedeutung beigemessen werden muss. Der Unternehmer muss sich jedoch bewusst sein, dass er die Verantwortung letztlich nie komplett delegieren kann. Er sollte sich schon im Eigeninteresse nie „das Heft aus der Hand nehmen" lassen, sondern sicherstellen, dass der eingeschlagene Weg taktisch und wirtschaftlich von ihm mitgetragen und die zur Umsetzung getroffenen Entscheidungen auch tatsächlich in seinem Sinne sind. Bei größeren Unternehmen, einem problematischen Marktumfeld oder wenn Konflikte im Gesellschafter- oder Familienkreis zu erwarten sind, kann die Einschaltung eines solchen externen Beraters, der die nötige professionelle Distanz mitbringt, sinnvoll sein. Die Vergütung wird oft fix nach Zeitabschnitten (gerne auch in der Beratersprache „milestones" genannt) abgerechnet. Hinzu kommt häufig ein erfolgsabhängiges Honorar, das sich am Verkaufspreis orientiert.

2

5. Interessentensuche und Finanzierung

Bisweilen wird zusätzlich ein Unternehmensmakler bereits mit der Aufgabe der Interessentensuche eingeschaltet. Dies hat den Vorteil, dass der Kunde bei seiner Marktsondierung erst noch nach außen anonym bleiben kann und die Verkaufsabsicht noch nicht gegenüber Marktteilnehmern/Konkurrenten und eigenen Kunden verbreitet wird. Der Kontakt über einen Makler ermöglicht oftmals eine zielgerichtete Sondierung der Marktlage, uninteressante Angebote können schon im Vorfeld aussortiert werden. Bezahlt wird eine Provision oftmals für den Erfolgsfall, die sich nach dem Transaktionsvolumen (welches nicht identisch mit dem Kaufpreis sein muss) berechnet. Je nach Leistungsangebot und Höhe des Transaktionsvolumens differieren die Sätze entsprechend. Manchmal verlangen Makler darüber hinaus eine Erstattung von Aufwendungen – teils sogar unabhängig vom konkreten Vermittlungserfolg. Stützt sich der Makler dabei auf eine vorformulierte Klausel (Allgemeine Geschäftsbedingung), so wird ein Anspruch schon an § 652 Abs. 2 BGB scheitern. Denn dieser verlangt eine individualvertragliche Vereinbarung zum Aufwendungsersatz[2]. Ist auch ein Grundstück Teil des Geschäftsgegenstands, so kann sogar die notarielle Beurkundung der Vereinbarung erforderlich sein (§ 311b Abs. 1 BGB). Besonders problematisch ist es, wenn sich der Makler von beiden Parteien bezahlen lässt, denn eine Doppeltätigkeit ist nur dann zulässig, wenn dies vom Vertrag gedeckt ist (§ 654 BGB), sonst steht dem Makler kein Anspruch auf Vergütung zu. Es sind also längst nicht alle Vergütungsmodelle von Maklern rechtlich einwandfrei. Ein geschulter Blick auf die Maklerrechnung kann sich durchaus lohnen!

Hinsichtlich der Finanzierung wird regelmäßig eine Bank oder evtl. auch ein Fördermittelberater kontaktiert. Soweit man eine M&A-Fachabteilung eines Kreditinstituts jenseits der bloßen Kreditvergabe zurate zieht, sollte man bedenken, dass dort evtl. aus einem Kreditgeschäft mit dem Zielunternehmen Interessenkonflikte bestehen können, die einer objektiven Beratung zur Transaktion als solcher entgegenstehen.

---

[2] Vgl. z. B. OLG Oldenburg, Urt. v. 19.05.2005 – 8 U 10/05.

6. Auswahl des Beraters

Was die Auswahl der Berater anbelangt, so gilt Folgendes: Wer nicht auf verlässliche Empfehlungen zurückgreifen kann, muss sich ein persönliches Bild verschaffen. Erste Anhaltspunkte gibt die Homepage des angedachten Beraters. Die fachliche Kompetenz kann z. B. beim rechtlichen Berater in einem Fachanwaltstitel und/oder Veröffentlichungen oder Vorträgen auf einschlägigem Gebiet zum Ausdruck kommen. In einem persönlichen Gespräch kann man dann herausfinden, ob eine Zusammenarbeit in Betracht kommt. Ein guter Berater wird sich nicht nur Zeit nehmen, sondern kann schon beim ersten Gespräch auf evtl. zu erwartende Probleme aus seiner Erfahrung hinweisen. Er wird auch über die anfallenden Kosten sprechen. Allerdings muss klar sein, dass ein seriöser Berater, der auf Stundenhonorarbasis arbeitet, kaum im Vorhinein sagen kann, wie viele Stunden konkret anfallen werden. Wichtig ist, dass das Vergütungsmodell transparent und nachvollziehbar ist. Schriftstücke, die im Verlauf der Mandatsbearbeitung gefertigt werden, sollten prinzipiell vorab zur Kontrolle und Freigabe vorgelegt werden. Vertraulichkeit ist bei Rechtsanwälten und Steuerberatern ohnehin eine Selbstverständlichkeit. Ein Transaktionsberater, der keinen berufsrechtlichen Vorschriften zur Geheimhaltung unterliegt, sollte sich und evtl. Mitarbeiter ebenfalls ausdrücklich zur Vertraulichkeit verpflichten.

7. Transaktionskosten

Was die Transaktionskosten insgesamt anbelangt, so hängt dies natürlich sehr von den konkreten Umständen im Einzelfall ab. Ist es eher leicht oder schwer, einen Käufer bzw. Verkäufer zu finden? Ist mit Komplikationen aus dem familiären Bereich oder mit Mitgesellschaftern zu rechnen? Gibt es Bereiche im Unternehmen, die vor einem Verkauf noch optimiert werden sollten, um einen höheren Verkaufserlös zu erzielen? Welche Berater werden sinnvollerweise mit welchem Aufgabenkreis eingeschaltet und welche Aufgaben kann der Unternehmer selbst übernehmen?

Eine allgemeingültige Aussage zu den Kosten kann deshalb nicht getroffen werden. Als „Faustformel" wird hierzu oftmals genannt, dass die Transaktionskosten insgesamt 5 Prozent des Transaktionsvolumens grundsätzlich nicht überschreiten sollten.

Arten von Unternehmenskäufen

1. Vorbemerkungen

Die Veräußerung eines Unternehmens oder Teilen hiervon kann auf unterschiedliche Weise erfolgen: Es können die wesentlichen Gegenstände des Unternehmens verkauft werden (also z. B. Grundstücke, Betriebsmittel, Patente etc.), dann spricht man von einem sog. Asset Deal. Oder man verkauft einen rechtlichen Anteil des Unternehmens mit all seinen Rechten und Pflichten, man schließt einen sog. Share Deal. Auch Mischformen sind möglich. Schließlich kann das Vermögen eines Unternehmens auf einen anderen Rechtsträger verschmolzen werden. Je nach Zielrichtung können die Gesellschafter des übertragenden Rechtsträgers sodann auch

Anteile am verschmolzenen Rechtsträger erhalten.

2. Asset Deal

Ein Unternehmen verfügt über verschiedene Betriebsmittel: von den Büromöbeln angefangen, über diverse Betriebsmittel wie Maschinen und Anlagen, Marken- und Patentrechte, Vorräte, Arbeitsstoffe und Forderungen etc. Diese können jeweils einzeln auf einen Käufer übertragen werden.

Der Nachteil des Asset Deals besteht darin, dass prinzipiell jeder Vermögensgegenstand nach seinen eigenen rechtlichen Vorgaben übergeleitet werden muss (sog. Einzelrechtsnachfolge). Dies kann relativ aufwändig werden. Zwar können Sachgesamtheiten wie z. B. Inhalte von Warenlagern zum Teil „als Paket" veräußert werden, ohne detaillierte Listen und Überprüfungen. Inventuren werden bei solchen Varianten kaum durchgeführt. Es muss aber jeweils ein schuldrechtlicher Vertrag über den Verkauf als auch eine Übereignung erfolgen. Eine Forderung gegen einen Dritten muss beispielsweise abgetreten werden.

Soweit für das Rechtsgeschäft bestimmte Formvorschriften gelten, sind diese einzuhalten. Ein Grundstückskaufvertrag ist z. B. notariell zu beurkunden, sonst ist er nichtig (§§ 311b Abs. 1, 125 BGB). Dasselbe gilt, wenn die übertragenen Vermögensgegenstände das einzige wesentliche Vermögen des Veräußerers darstellen (§ 311b Abs. 3 BGB).

Bei der Übertragung der verschiedenen Gegenstände bzw. Abtretung der Forderungen ist der sog. sachenrechtliche Bestimmtheitsgrundsatz zu beachten: Dieser besagt, dass „infolge der Wahl einfacher, äußerer Abgrenzungskriterien für jeden, der die Parteiabreden in dem für den Eigentumsübergang vereinbarten Zeitpunkt kennt, ohne weiteres ersichtlich ist, welche individuell bestimmten Sachen übereignet worden sind"[3]. Die Gegenstände müssen zwar nicht zwingend alle schriftlich einzeln aufgeführt sein, es muss jedoch eindeutig bestimmbar sein, was genau übertragen wurde.

Beispiel:

Man kann der Vereinbarung einen Lageplan beifügen, auf dem der Ort, an dem sich die einzelnen Sachen befinden, gekennzeichnet wird. Zur Vermeidung von Streit behilft sich die Praxis auch mit Inventarlisten.

Auch vertragliche Beziehungen (Miet-, Liefer-, Kundenverträge) machen einen wesentlichen Teil des Unternehmenswerts aus. Diese können ebenfalls auf einen Erwerber übergeleitet werden, allerdings regelmäßig nur mit Zustimmung des Vertragspartners.

Für Arbeitsverhältnisse gilt eine Besonderheit: Arbeitsverhältnisse können im Wege des sog. „Betriebsübergangs" auch ohne den Willen des Erwerbers übergehen (§ 613a BGB). Dies setzt voraus, dass ein Betrieb als Ganzes oder ein Betriebsteil per Rechtsgeschäft (in diesem Fall der Verkauf) auf einen Erwerber übertragen wird. Unter Betrieb versteht die Rechtsprechung eine organisatorische Gesamtheit von materiellen und immateriellen Betriebsmitteln zur fortgesetzten Ausübung einer wirtschaftlichen Tätigkeit mit eigener Zielsetzung[4]. Ein Betriebsteil ist eine organisatorisch abtrennbare Teileinheit. Entscheidend ist, dass die „Identität" des Betriebs(teils) auch nach dem Übergang gewahrt bleibt. Eine bloße sog. Funktionsnachfolge, d. h., es wird z. B. bloß ein Auftrag übernommen, reicht nicht aus, um die Rechtsfolgen des § 613a BGB auszulösen. Allerdings kann bei einer Auftragsübernahme dann ein Betriebsübergang vorliegen, wenn gleichzeitig die wesentlichen Arbeitsmittel oder besondere Know-how-Träger mitübernommen werden. Letztlich erfolgt stets eine Würdigung der Gesamtumstände des jeweiligen Einzelfalls. Je mehr Gegenstände und vertragliche Beziehungen übernommen werden, desto eher muss man von einem Betriebsübergang im Sinne von § 613a BGB ausgehen. Wenn sich der

[3] BGH, Urt. v. 31.01.1979 – VIII ZR 93/78.
[4] BAG, Urt. v. 26.05.2011 – 8 AZR 37/10.

Nachfolger „ins gemachte Nest" setzen kann, er also selbst keine neue Organisation aufbauen muss, so wird in der Regel wohl ein Betriebsübergang vorliegen. Rechtsfolge eines Betriebsübergangs ist, dass alle Arbeitsverhältnisse – ob der Erwerber das möchte oder nicht – mit übernommen werden. Eine Kündigung durch den bisherigen Arbeitgeber oder neuen Inhaber wegen des Betriebsübergangs ist unzulässig (§ 613a Abs. 4 BGB). Eine andere Frage ist, ob der Erwerber ein Arbeitsverhältnis aus anderen Gründen, etwa betriebsbedingt, kündigen kann, weil er – z. B. nach einer Umstrukturierung – keine Verwendung mehr für alle Arbeitnehmer hat. Dies ist durchaus möglich. Der Arbeitnehmer selbst kann dem Übergang seines Arbeitsverhältnisses innerhalb eines Monats nach entsprechender Unterrichtung über den Betriebsübergang schriftlich widersprechen (§ 613a Abs. 6 BGB). Das Arbeitsverhältnis verbleibt dann beim Veräußerer. Wenn dieser wegen des Unternehmensverkaufs jedoch den Arbeitnehmer nicht mehr beschäftigen kann, wird wohl eine betriebsbedingte Kündigung des Arbeitsverhältnisses durch den Veräußerer unumgänglich sein.

Auch wenn der Asset Deal wegen der umfangreichen Regelungen oftmals relativ kompliziert und auch kostspielig sein mag, kann er dennoch das Mittel der Wahl sein, wenn der Erwerber gar nicht daran interessiert ist, alle vertraglichen Verpflichtungen des früheren Inhabers zu übernehmen, etwa weil das Unternehmen mit hohen Forderungen belastet ist oder er für einige Unternehmensteile schlicht keine Verwendung hat. Dann ist es für den Käufer oftmals besser, einen Asset Deal über die ihn interessierenden Unternehmensgegenstände abzuschließen. Er reduziert damit sein Haftungsrisiko. Zu bedenken ist jedoch, dass trotzdem ein „Betriebsübergang" im Sinne des § 613a BGB vorliegen kann, mit der Folge, dass er auch die Arbeitsverhältnisse des Veräußerers übernehmen muss.

Für den Verkäufer hat ein Asset Deal zur Konsequenz, dass er sein restliches Unternehmen, wenn er es nicht weiterführen möchte, liquidieren muss. Handelt es sich um eine Gesellschaft, sind dabei die entsprechenden gesetzlichen Vorgaben zu beachten.

3. Share Deal

Beim Share Deal werden nicht die einzelnen Betriebsmittel und Forderungen etc. verkauft, sondern ein gesellschaftsrechtlicher Unternehmensanteil. Das Unternehmen bzw. der Anteil daran geht mit allen Rechten und Pflichten auf den Erwerber über (sog. Gesamtrechtsnachfolge). Das Unternehmen bzw. der Anteil bleibt bestehen. Vermögensgegenstände müssen nicht einzeln übertragen werden, eine Liquidation des Rechtsträgers findet nicht statt.

Einen Betriebsübergang, wie oben beim Asset Deal geschildert, gibt es beim Share Deal nicht: Der Erwerber tritt ohnehin in die Rechtsstellung des Veräußerers mit allen Rechten und Pflichten ein, d. h. er übernimmt sowieso die Arbeitgeberrolle.

Das Vertragswerk zwischen Veräußerer und Übernehmer fällt oft übersichtlicher aus als bei einem Asset Deal. Allerdings sind auch hier die gesetzlichen Formvorschriften zum Anteilserwerb zu beachten.

Beispiel:

Die Übertragung von GmbH-Anteilen erfordert den Abschluss eines notariellen Vertrages, § 15 Abs. 3, 4 GmbHG, und die Aktualisierung der beim Handelsregister hinterlegten Gesellschafterliste.

Auch evtl. vom Gesetz oder Gesellschaftsvertrag vorgeschriebene Zustimmungen von Mitgesellschaftern sind einzuholen.

Beispiel:

Es ist für alle Personengesellschaften: GbR, OHG, KG und PartG, eine Zustimmung von Mitgesellschaftern vom Gesetz vorgesehen, §§ 717 BGB, 105 Abs. 3, 161 Abs. 2 HGB; 1 Abs. 4 PartG.

Die Zustimmung kann schon im Gesellschaftsvertrag erteilt werden. Bei einer GmbH sind die Zustimmungserfordernisse oft in der Satzung festgelegt. Außerdem kann den Mitgesellschaftern ein vorrangiges Erwerbsrecht zustehen. Dies ist vorab zu klären.

Da es sich um eine Übertragung von Gesellschaftsanteilen handelt, funktioniert ein Share Deal bei einem Einzelunternehmen nur, wenn es zuvor in eine Gesellschaft umgewandelt wird. Mangels anderer Gesellschafter ist eine Umwandlung in eine Personengesellschaft wie die GbR, OHG oder PartG nicht möglich. Es sind stets mindestens zwei Gesellschafter erforderlich. Üblicherweise wird deshalb in eine GmbH oder UG umgewandelt, denn hier gibt es auch die „Ein-

Personen-Gesellschaft". Auch eine GmbH & Co. KG kommt theoretisch infrage: der Einzelunternehmer gründet eine GmbH, deren alleiniger Gesellschafter er wird. Gleichzeitig übernimmt die GmbH die Rolle der „persönlich" haftenden Komplementärin. Er selbst tritt sodann der KG als Kommanditist bei.

Zu beachten ist, dass bei einem Share Deal, zumindest was die Außenhaftung gegenüber Dritten anbelangt, grundsätzlich kein „Rosinenpicken" möglich ist, wie beim Asset Deal. Der Käufer übernimmt den Anteil mit allen damit verbundenen Rechten und Pflichten, also auch alle Vertragsbeziehungen. Von Vorteil kann der Share Deal sein, wenn bestimmte Verträge oder öffentlich-rechtliche Genehmigungen unbedingt übernommen werden sollen und es fraglich ist, ob der Vertragspartner mit dem Erwerber kooperieren möchte bzw. die Behörde auch dem Erwerber eine Genehmigung erteilen würde oder man den damit verbundenen Aufwand scheut.

4. Verschmelzung

Die Verschmelzung ist in §§ 1 ff. UmwG geregelt. Mit der Verschmelzung wird der zu übertragende Rechtsträger – ohne dass eine förmliche Liquidation erforderlich wäre – aufgelöst, sein Vermögen wird auf den aufnehmenden (neuen) Rechtsträger „verschmolzen", d. h., der neue Rechtsträger tritt im Wege der Gesamtrechtsnachfolge (wie beim Share Deal, vgl. oben) in alle Rechte und Pflichten des alten Rechtsträgers ein. Die Anteilsinhaber des alten Rechtsträgers erhalten im Gegenzug Anteile am neuen Rechtsträger (§ 2 UmwG).

Eine Verschmelzung bietet sich an, wenn ein zugekauftes Unternehmen in ein bestehendes Unternehmen integriert werden soll oder wenn Erwerber und Veräußerer gleichberechtigt fusionieren wollen, um künftig zusammenzuarbeiten. Diese grundsätzlich attraktiv erscheinende Konzeption löst in der Praxis wegen Haftungsfolgen der übernehmenden Gesellschaft oftmals Bedenken aus.

An einer Verschmelzung können Personenhandelsgesellschaften (OHG, KG) und Partnerschaftsgesellschaften beteiligt sein, außerdem Kapitalgesellschaften (GmbH, AG, KGaA) sowie eingetragene Genossenschaften und eingetragene Vereine, und zwar auf übertragender wie aufnehmender Seite (§ 3 Abs. 1 UmwG). Natürliche Personen können nur als aufnehmender Rechtsträger auftreten, wenn sie als Alleingesellschafter einer Kapitalgesellschaft deren Vermögen aufnehmen (§ 3 Abs. 2 UmwG). Das bedeutet, dass ein

Einzelunternehmen oder eine GbR nicht auf einen neuen Rechtsträger verschmolzen werden können. Es muss auf andere Gestaltungsformen zurückgegriffen werden, z. B. auf die Anwachsung oder Einbringung des Unternehmens bzw. der Anteile als Sacheinlage in das Zielunternehmen.

Die Verschmelzung lässt sich in drei Phasen gliedern: Vorbereitung, Beschlussfassung und Vollzug.

Vorbereitung

In der Vorbereitungsphase wird

- der Verschmelzungsvertrag entworfen, der später Grundlage der Beschlussfassung wird und notariell zu beurkunden ist (§ 6 UmwG),
- dieser den Anteilseignern der beteiligten Rechtsträger zuleitet,
- dem Betriebsrat aller beteiligten Rechtsträger, sofern ein solcher dort besteht, zugeleitet (§ 5 Abs. 3 UmwG),
- eine Verschmelzungsbilanz erstellt, soweit nicht auf den Jahresabschluss des vergangenen Jahres zurückgegriffen werden kann,
- das Umtauschverhältnis der Anteile festgelegt,
- ggf. eine Verschmelzungsprüfung durch einen sachverständigen Prüfer (§ 9 UmwG) hinsichtlich der Umtauschverhältnisse durchgeführt,
- ggf. ein Verschmelzungsbericht durch die Vertretungsorgane der beteiligten Rechtsträger erstellt, in dem die Verschmelzung, der Verschmelzungsvertrag oder sein Entwurf, das Umtauschverhältnis der Anteile sowie die Höhe einer anzubietenden Barabfindung erläutert und begründet werden.

Es folgt die förmliche Einladung der Anteilseigner zur Beschlussfassung und die Vorbereitung auf Fragen in der Versammlung.

Wenn sich die Parteien einig sind, kann die Vorbereitungsphase abgekürzt werden. Es reicht dann, den Verschmelzungsvertrag zu entwerfen und ggf. dem Betriebsrat zuzuleiten. Sodann wird ein Beurkundungstermin abgestimmt. Auf die Formalien einer Verschmelzungsprüfung und -berichts sowie eine förmliche Ladung zur Beschlussfassung kann einvernehmlich verzichtet werden.

Beschlussfassung

Bei einer einvernehmlichen Verschmelzung wird dem Notar schlicht der Verschmelzungsvertrag zur Beurkundung vorgelegt. Dieser beurkundet auch die entsprechende Beschlussfassung.

Ansonsten muss in der Versammlung zunächst der Verschmelzungsbericht vorgestellt werden, wobei u. a. auf etwaige besondere Schwierigkeiten bei der Unternehmensbewertung einzugehen ist (§ 8 Abs. 1 Satz 2 UmwG). Ist eine Aktiengesellschaft beteiligt, gelten weitere besondere Vorschriften zur Durchführung der Hauptversammlung. Unter Umständen wird auch ein Beschluss zur Kapitalerhöhung gefasst.

Dem Beschluss zur Verschmelzung müssen bei Personengesellschaften in der Regel alle Gesellschafter zustimmen (§ 43 Abs. 1 UmwG), es sei denn, der Gesellschaftsvertrag sieht etwas anderes vor. Auch dann muss jedoch mindestens eine 3/4-Mehrheit vorgesehen sein (§ 43 Abs. 2 UmwG). Bei Kapitalgesellschaften ist es gerade umgekehrt: eine 3/4-Mehrheit reicht zur Beschlussfassung in der Regel aus, es sei denn, der Gesellschaftsvertrag sieht eine größere Mehrheit und/oder zusätzliche Erfordernisse vor (§§ 50 Abs. 1, 65 Abs. 1 UmwG). Auch wenn eine GmbH mit nicht voll erbrachten Stammeinlagen beteiligt ist, gelten strengere Zustimmungserfordernisse (§ 51 UmwG).

Je nach gesellschaftsvertraglicher Vereinbarung kann die Übertragung der Anteile des übertragenden Rechtsträgers zusätzlich von der Zustimmung bestimmter einzelner Anteilsinhaber abhängen.

Vollzug

Um die Verschmelzung zu vollziehen, ist die Eintragung in die entsprechenden Register[5] der beteiligten Rechtsträger erforderlich (§§ 16 Abs. 1, 38 UmwG). Dabei ist zu erklären, dass keine Klage gegen den Verschmelzungsbeschluss erhoben wurde oder falls ja, dass dies nicht fristgerecht erfolgte, die Klage zurückgenommen oder rechtskräftig abgewiesen wurde. Sonst darf die Eintragung nicht erfolgen (§§ 16 Abs. 2, 36 Abs. 1 UmwG), es sei denn, die klageberechtigten Anteilsinhaber verzichten durch notariell beurkundete Erklärung auf die Klage. Erst mit der Eintragung in das

---

[5] Dies kann das Handels-, Partnerschafts-, Genossenschafts- oder Vereinsregister sein.

Register auch des übernehmenden Rechtsträgers treten die Rechtsfolgen der Verschmelzung ein (§ 20 UmwG): Das Vermögen des übertragenden Rechtsträgers geht einschließlich der Verbindlichkeiten auf den aufnehmenden Rechtsträger über. Der übertragende Rechtsträger erlischt. Die Anteilseigner des übertragenden Rechtsträgers werden Anteilsinhaber des aufnehmenden Rechtsträgers. Ist das Umtauschverhältnis nach Auffassung eines Anteilseigners zu niedrig bemessen worden, kann er dieses gerichtlich überprüfen lassen (§ 15 UmwG).

Sonstige Beteiligungsmöglichkeiten

4

1. Vorbemerkungen

Der Vollständigkeit halber sei hier noch erwähnt, dass es neben einem Asset Deal, einem Share Deal, einer Verschmelzung oder Kombinationen dieser Varianten noch etliche andere Möglichkeiten gibt, sich an einem bestehenden Unternehmen zu beteiligen.

2. Kapitalerhöhung

Dies kann beispielsweise geschehen durch eine Kapitalerhöhung einer Kapitalgesellschaft und Übernahme dieses Kapitalanteils durch den neuen Gesellschafter. Der neue Gesellschafter übernimmt diese Anteile entweder gegen Bareinzahlung oder gegen Einbringung seines bestehenden Unternehmens. Es handelt sich dann um eine Sacheinlage, die jedoch besonderen Regularien insbesondere zur
4 Bewertung unterliegt (vgl. z. B. §§ 5 Abs. 4, 9 GmbHG). Die Sacheinlage kann auch in der Einbringung einer Forderung gegen das Unternehmen bestehen (sog. Dept-Equity-Swept). Dies kann sinnvoll sein, wenn sich das zu übernehmende Unternehmen in der Krise befindet. Die Forderung erlischt dann, weil die Gesellschaft zugleich Schuldner und Gläubiger der Forderung ist (sog. Konfusion).

Dasselbe Prinzip gilt auch für die Personengesellschaften.

3. Anwachsung

Das Anwachsungsmodell kann zum Zug kommen, wenn eine Personengesellschaft beteiligt ist und z. B. ein Gesellschafter ausscheiden und die übrigen Gesellschafter seinen Anteil übernehmen möchten. Durch Ausscheiden eines Teilhabers aus einer Personengesellschaft wächst sein Anteil automatisch den verbliebenen Teilhabern zu, §§ 738 Abs. 1 BGB, 105 Abs. 3, 161 Abs. 2 HGB, 1 Abs. 4 PartGG. Es ist auch denkbar, dass ein Erwerbsinteressent zunächst in die Personengesellschaft eintritt und die ausscheidungswilligen Gesellschafter sodann – gegen entsprechende Abfindung – ggf. auch erst zu einem späteren Zeitpunkt schlicht austreten. Eine GbR, OHG, KG oder PartG kann so zum Einzelunternehmen werden, da das Gesetz, wenn nur ein Gesellschafter übrig bleibt, von einer Auflösung der Gesellschaft ausgeht. Denn zu einer Personengesellschaft gehören immer mindestens zwei Gesellschafter (§§ 705 BGB, 105 Abs. 1, 161 Abs. 1 HGB, 1 Abs. 3 PartGG).

Fazit:

Es sind vielerlei Gestaltungsmöglichkeiten, auch Mischformen, denkbar. Welche Art von Unternehmenskauf im konkreten Einzelfall gewählt wird, hängt vom Kaufgegenstand und den Zielrichtungen von Käufer und Verkäufer ab. Auch steuerliche Aspekte spielen eine wichtige Rolle.

Unternehmenskauf mit Auslandsbeteiligung

1. Vorbemerkungen

Im Zuge der Globalisierung sind Unternehmer immer häufiger an einer Ausweitung ihrer Aktivitäten auf internationaler Ebene interessiert – sei es, um neue Märkte zu erschließen oder Produktionsstandorte aus Kostengründen zu verlagern. Dabei hat der Erwerb eines bereits bestehenden Unternehmens im Vergleich zu einer Neugründung den Vorteil, auf vorhandene Strukturen und mit dem Umfeld vertraute Mitarbeiter zurückgreifen zu können. Je nachdem, ob ein deutsches Unternehmen von einem Ausländer oder umgekehrt ein deutscher Unternehmer ein ausländisches Unternehmen oder eine Auslandsbeteiligung erwerben möchte, sind unterschiedliche Aspekte zu beachten.

2. Verkauf eines deutschen Unternehmens an ausländischen Erwerber

5

Grundsätzlich gelten auch hier die gleichen Grundsätze wie im Fall eines Erwerbs durch einen deutschen Interessenten.

Besonderes Augenmerk ist jedoch auf folgende Punkte zu richten:

Rechtsfähigkeit

Will eine ausländische Gesellschaft ein deutsches Unternehmen erwerben, ist als Vorfrage zu prüfen, ob dieses rechts- und beteiligungsfähig ist. Nach dem deutschen Internationalen Privatrecht ist dies entsprechend der sog. Sitztheorie nach dem Recht des Ortes, an der die Gesellschaft ihren Verwaltungssitz hat, zu beurteilen.

Hier sind jedoch EU-Gesellschaften im Hinblick auf die Niederlassungsfreiheit privilegiert, da diese ihre in einem EU-Staat erworbene Rechtsfähigkeit auch bei einem Verwaltungssitz in Deutschland beibehalten.

Andere Rechtsordnungen folgen zum Teil der Gründungstheorie, wonach das Recht am Ort der Gründung maßgeblich sein soll. Ist eine Gesellschaft nach dem für sie geltenden Recht rechtsfähig, so ist dies prinzipiell auch für ein Rechtsgeschäft in Deutschland anzuerkennen. Fehlende Rechtsfähigkeit kann der Wirksamkeit eines Unternehmenskaufvertrages entgegenstehen. Zwar wird der „gute Glaube" an die Rechtsfähigkeit der anderen Partei im internationalen Rechtsverkehr durch Art. 13 ROM-I-VO bzw. Art. 12 EGBGB geschützt, sofern keine Kenntnis oder fahrlässige Unkenntnis vorliegt. Wer sichergehen will, lässt sich aber den Gesellschaftsvertrag vorlegen und gibt ggf. ein Gutachten zur Klärung der Frage in Auftrag.

Aufenthaltsrecht

Der Erwerb eines deutschen Unternehmens durch einen Ausländer kann mit dem deutschen Aufenthaltsrecht kollidieren, wenn der Ausländer nicht zur Ausübung einer selbstständigen Erwerbstätigkeit im Inland berechtigt ist. Betroffen sind nicht EU-Staatsangehörige, die sich in diesem Zusammenhang auf ihre EU-rechtlich garantierte Freizügigkeit und Niederlassungsfreiheit berufen können, sondern Drittstaatsangehörige, die für die Einreise und ihren Aufenthalt in die Bundesrepublik ein Visum bzw. einen Aufenthaltstitel benötigen. Für einen kurzfristigen Aufenthalt, etwa für Vertragsverhandlungen oder einen Vertragsabschluss, wird in den meisten Fällen ein Geschäftsvisum (§ 6 Abs. 1, 2 AufenthG) ausreichend sein. Bei längerfristigen Aufenthalten wird jedoch ein entsprechendes sog. nationales Visum (§ 6 Abs. 3 AufenthG) oder eine Aufenthaltserlaubnis erforderlich, die das Recht zur Ausübung einer selbstständigen Erwerbstätigkeit beinhaltet, wenn eine solche ausgeübt werden soll. Dies gilt – wenngleich nach umstrittener Ansicht – auch für den Erwerb von Gesellschaftsanteilen einer GmbH, die zu einer die GmbH beherrschenden Stellung führt, auch wenn die Geschäftsführung von einer anderen Person wahrgenommen wird. Denn der Geschäftsführer der GmbH ist von den Weisungen der Gesellschafterversammlung abhängig, so dass der Erwerb von Gesellschaftsanteilen als Umgehungsgeschäft zur Vermeidung der aufenthaltsrechtlichen Vorgaben und damit als nichtig angesehen werden kann[6].

Untersagungsmöglichkeit nach dem Außenwirtschaftsgesetz

Ausnahmsweise können einer Veräußerung eines deutschen Unternehmens auch außenwirtschaftliche Gründe entgegenstehen. Betroffen sind insbesondere Unternehmen in sicherheits- und infrastrukturrelevanten Bereichen, also beispielsweise solche mit militärisch-strategischer Bedeutung oder Unternehmen der Strom-,

---

6 So *Zimmermann* in: Beck´sches Notar-Handbuch, H. Auslandsberührung Rz. 278; *Beisel/Klumpp,* § 7 Rz. 15; LG Hannover, Urt. v. 07.01.1976 – 24 T 5/75; a. A.: LG Ulm, Urt. v. 14.01.1982 – T 6/81-01.

Gas- oder Wasserversorgung, aber auch aus der Telekommunikations- und Medienbranche.

Der Erwerb von Anteilen an einem einschlägigen inländischen Unternehmen durch einen Ausländer kann vom Bundesministerium für Wirtschaft und Energie insbesondere dann untersagt werden, wenn Sicherheitsinteressen der Bundesrepublik Deutschland oder die öffentliche Ordnung und Sicherheit gefährdet werden (§§ 4, 5 AWG, 55, 60 AWV). Auf welche Art und Weise der Erwerb erfolgt – also in Form eines Asset Deals, Share Deals oder einer Verschmelzung –, ist dabei irrelevant. Das Bundesministerium kann grundsätzlich einen Anteilserwerb, der zu einer Beteiligung von 25 Prozent oder mehr führt, prüfen. Für Unternehmen in besonders sensiblen Bereichen (Sicherheit, kritische Infrastruktur und Verteidigung) wurde die Prüfeintrittsschwelle zum 29. Dezember 2018 auf 10 Prozent gesenkt.

Außerdem ist auf EU-Ebene eine Verordnung in Bezug auf unionsfremde Investoren, die am Erwerb von sicherheitskritischen Hochtechnologieunternehmen interessiert sind, geplant. Diese Verordnung sieht insbesondere eine verbesserte Zusammenarbeit der Mitgliedsstaaten untereinander und mit der Europäischen Kommission vor.

Rechtswahl

Die Anteilsübertragung selbst richtet sich zwingend nach dem sog. Gesellschaftsstatut, d. h. dem Recht, dem die Gesellschaft unterliegt, hier also deutschem Recht.

Für den nach dem Abstraktionsprinzip davon zu unterscheidenden schuldrechtlichen Kaufvertrag gilt jedoch der Grundsatz der freien Rechtswahl (Art. 3 ROM-I-VO). Für den Veräußerer und im Hinblick darauf, dass es sich um eine deutsche Gesellschaft handelt, bietet es sich an, die Geltung deutschen Rechts zu vereinbaren. Die Geltung des UN-Kaufrechts, das auch unter den Begriff „deutsches Recht" fällt, wird regelmäßig ausgeschlossen, da dieses für den Kauf von Waren konzipiert ist.

3. Kauf eines ausländischen Unternehmens durch deutschen Erwerber

Beim Kauf eines ausländischen Unternehmens muss sich der Interessent nicht nur mit den fremden kulturellen und wirtschaftlichen, sondern auch den juristischen Rahmenbedingungen vertraut machen. Hier wird man auf eine zusätzliche Beratung durch Fachleute, die die jeweiligen Verhältnisse und nationalen rechtlichen Vorgaben, die für das Zielunternehmen gelten, genau kennen und Risiken einzuschätzen wissen, nicht verzichten können. Der zeitliche und finanzielle Aufwand für den Erwerb eines ausländischen Unternehmens muss deshalb in aller Regel entsprechend höher einkalkuliert werden als bei einem Kaufvertrag über ein inländisches Unternehmen.

Vorbereitung

1. Vorbemerkungen

Eine sorgfältige Vorbereitung und Planung stehen am Anfang eines erfolgreichen Unternehmensverkaufs. Eine genaue Analyse aller kaufpreisrelevanten Umstände ermöglicht es dem Verkäufer, schon im Vorfeld selbst eventuelle Mängel aufzudecken und ggf. noch vor dem Verkauf zu beseitigen. Er kann Maßnahmen ergreifen, die das Unternehmen für einen Käufer noch attraktiver machen. Dies wirkt sich regelmäßig positiv auf die Verhandlungsposition und den erzielbaren Kaufpreis aus.

Die Erstellung eines Ablaufplans erleichtert später eine zügige Durchführung und signalisiert auch dem potenziellen Erwerber, welcher Zeitrahmen diesem für seine Prüfungen und Überlegungen zur Verfügung stehen.

Eine durchdachte Vorbereitung zahlt sich deshalb auf jeden Fall aus.

Die konkrete Gestaltungsweise hängt dabei von den individuellen Gegebenheiten des geplanten Verkaufs ab. Geht es um ein größeres Transaktionsvolumen oder ist eine Investmentbank beteiligt, so wird in der Regel ein aufwndigeres Verfahren geboten sein, als wenn dies nicht der Fall ist. Sind sich die Vertragsparteien bekannt oder geht es um Unternehmenskäufe im Bereich bis zu ca. zehn Millionen, verzichtet man aus wirtschaftlichen Gründen oftmals auf kostenintensive Maßnahmen, die nicht unbedingt erforderlich erscheinen. Finanzinvestoren bestehen hingegen in der Regel auf möglichst umfassende Informationen zum Kaufgegenstand, die sie zur Grundlage ihrer Entscheidung machen können. Entsprechend intensiver muss der Anbieter vorarbeiten.

Im Folgenden soll beschrieben werden, wie der Ablauf eines Unternehmensverkaufs gestaltet werden kann. Im Einzelfall kann eine Abweichung von diesem „Fahrplan" aus Kostengründen durchaus sinnvoll sein. Der Verkäufer muss abwägen zwischen dem Nutzen, den eine Maßnahme verspricht, und den Kosten, die diese verursacht.

2. Vendor Due Diligence Report, Fact Book

Auf die Erstellung eines Vendor Due Diligence Reports oder eines Fact Books wird in der Praxis bei eher geringem Transaktionswert häufig verzichtet, ebenso wenn der Käufer das Unternehmen ohnehin gut kennt, um Kosten und Aufwand zu sparen.

Bei höherem Transaktionswert kann sich jedoch die Erstellung eines solchen Reports sowie eines Fact Books empfehlen, um einen besseren Kaufpreis zu erzielen.

Dabei wird das Unternehmen vom Verkäufer zunächst selbst einer gründlichen Analyse unterzogen.

Wenn alle für den Unternehmensverkauf maßgeblichen Umstände von Verkäuferseite umfassend geprüft, rechtlich und wirtschaftlich bewertet werden, spricht man von einer Vendor Due Diligence. Die Ergebnisse werden im sog. Vendor Due Diligence Report (VDD-Report) zusammengefasst.

Demgegenüber ist ein sog. „Fact Book" weniger ausführlich als der VDD-Report, insbesondere enthält es in der Regel keine rechtlichen und wirtschaftlichen Bewertungen. Ein Fact-Book liefert lediglich einen Überblick über die wichtigsten Merkmale des Kaufgegenstands.

Da die Erstellung eines VDD-Reports recht aufwändig und damit kostspielig ist, beschränkt man sich beim Verkauf von kleineren und bisweilen auch mittelständischen Unternehmen oftmals auf die Erstellung von Fact Books zu den wichtigsten Themen, nämlich insbesondere zu den wirtschaftlichen und steuerlichen Verhältnissen (sog. „Financial-Fact-Book" und „Tax-Fact-Book").

Bei größeren Volumen kann sich der zusätzliche Aufwand eines VDD-Reports jedoch durchaus lohnen: Mit der Erstellung eines VDD-Reports verschafft sich der Unternehmer bzw. sein Geschäftsführer zunächst nicht nur selbst einen umfassenden, aktuellen Überblick über alle – letztlich auch kaufpreisrelevanten – Stärken und Schwächen seines Unternehmens. Er kann bei dieser Gelegenheit auch schon alle maßgeblichen Unterlagen in einem Datenraum zusammen stellen, um so später die vom Käufer durchgeführte Due Diligence vorzubereiten. Mit dem Report kann er sich auf zu erwartende Fragen von Kaufinteressenten optimal vorbereiten, so dass im weiteren Ablauf Fragen zügig und sachgerecht beantwortet werden können. Der Verkäufer kann erkannte Schwachstellen beseitigen oder andere kaufpreissteigernde Schritte einleiten. Beispielsweise könnte nicht-betriebsnotwendiges Vermögen aufgedeckt und schon vorab veräußert bzw. bei der Beschreibung des Kaufgegenstandes ausgenommen werden. Dies hat für den Verkäufer den Vorteil, dass durch die getrennte Veräußerung oftmals ein höherer Preis erzielt werden kann. Werden durch den Verkauf stille Reserven aufgedeckt, so schlägt dies außerdem positiv auf den ausgewiesenen Gewinn im Jahr der Veräußerung durch. Für den Erwerber ist es unter Umständen ebenfalls vorteilhaft, wenn er keine Gegenstände kaufen und ggf. finanzieren muss, die er etwa für seine individuelle Planung nicht unbedingt benötigt. Auch bei der Bilanzerstellung gibt es legale Spielräume, die sich auf die Gewinnausweisung auswirken und ggf. genutzt werden sollten, weswegen auch in diesem Stadium eine enge Abstimmung mit der steuerlichen Beratung unbedingt erforderlich ist.

Aufgezeigte Verbesserungspotentiale müssen kein Ausweis von Schwäche sein (in dem Sinne „da ist aber noch Luft nach oben"), sondern lassen sich mit der richtigen Begründung sogar als Argument für einen höheren Kaufpreis darstellen.

Ein sorgfältig erstellter VDD-Report kann auch Basis eines sog. Information Memorandum (dazu Kapitel 6 Ziffer 4), das später Kaufinteressenten zur Verfügung gestellt wird, sein. Werden damit bereits alle für den Käufer relevanten Informationen abgedeckt, kann unter Umständen sogar auf eine eigene vom Käufer durchgeführte Due Diligence (dazu Kapitel 7) verzichtet werden. Das spart Zeit und Kosten. Der Verkäufer kann die eigene Due Diligence effizienter und zielgerichteter durchführen als ein Außenstehender. Geben verschiedene Kaufinteressenten auf Basis des VDD-Reports ein Kaufangebot ab, so können die verschiedenen Angebote auch leichter miteinander verglichen werden. Soll ein Bieterverfahren durchgeführt werden (dazu noch in Kapitel 6 Ziffer 6), bietet sich die Erstellung eines VDD-Reports an, da der Verkäufer so eine einheitliche Basis schafft und zugleich einen Zeitplan zur Angebotsabgabe vorgeben kann. Dies ist jedoch keineswegs zwingend. In der Praxis beschränkt man sich häufig auf die Erstellung eines Information Memorandum, und die Interessenten führen selbst eine Due Diligence durch.

Ein zunächst nur für den internen Gebrauch erstellter VDD-Report wird jedoch selbstverständlich nicht ohne Überarbeitung an Kaufinteressenten übergeben. Soll der Report komplett oder in Teilen als Bestandteil oder im Zusammenhang mit dem Information Memorandum an Dritte weitergegeben werden, sollte er ggf. von externen Beratern (Rechtsanwälten, Wirtschaftsprüfern) erstellt werden, die nicht mit der eigentlichen Durchführung der Transaktion befasst sind, sofern man eine „betont objektive" Berichterstattung – etwa als besonderes Merkmal – dem Kaufinteressenten präsentieren möchte. Wenn in diesem Rahmen der sachkundige Ersteller einen sog. „Reliance-Vermerk“ abgegeben und erklärt hat, für die Richtigkeit der Ergebnisse auch gegenüber Dritten einzustehen, haftet dieser nicht nur seinem Auftraggeber, sondern auch den Kaufinteressenten entsprechend. Finanzierende Banken verlangen bisweilen eine entsprechende Haftungserklärung. Ansonsten wird der Berichterstatter eine solche Haftung eher vermeiden wollen und dementsprechend sind solche Berichte in der Praxis oftmals mit einer „Non-Reliance-Erklärung“ versehen. Aber auch für einen VDD-Report, der ausschließlich intern verwendet werden soll, kann es sich empfehlen, einen außenstehenden Berater hinzuziehen, da der Blick von außen hilft, eine objektive Betrachtungsweise vorzunehmen und bereits in diesem Stadium den Kaufgegenstand „durch die Brille“ des Erwerbers zu sehen.

Inhaltlich werden in der Regel mindestens folgende Gebiete abgedeckt:

- Financial Due Diligence

  Die Vermögenssituation, die Finanz- und Ertragslage des Unternehmens werden objektiv dargestellt und bewertet.

- Strategic and Commercial Due Diligence

  Hier geht es um die Markt- und Wettbewerbssituation des Unternehmens. Welches Geschäftsmodell wird verfolgt? Können Businesspläne vorgelegt werden? Auf welche Wettbewerbsvorteile kann der Verkäufer verweisen?

- Legal Due Diligence

  Es werden rechtliche Risiken aus verschiedenen, nicht abschließend aufzählbaren, Bereichen aufgezeigt, angefangen von der gesellschaftsrechtlichen Situation über Verträge mit Vermietern, Lieferanten, Kunden, aus Darlehensverträgen, Bürgschaften, Garantien, bis zum Personalbereich. Im Einzelfall können auch noch andere Umstände von Relevanz sein, z.B. Lizenzen oder Patente.

- Technical Due Diligence

  Anlagen, Gebäude, EDV etc. werden geprüft und bewertet.

- Tax Due Diligence

  Steuerliche Risiken und Gestaltungsmöglichkeiten werden aufgezeigt.

- Sonstiges

  Hier wären beispielsweise besondere Haftungsrisiken zu nennen, etwa resultierend aus laufenden Gerichtsverfahren oder aus einer besonderen Grundstücksnutzung (z.B. Altlasten etc.).

Der Verkäufer kann sich im VDD-Report auf die aus seiner Sicht wichtigsten Aspekte beschränken. Da der VDD-Report zunächst nur grundlegende Informationen bieten soll, werden spezielle Interessen einzelner Bieter hier in der Regel noch nicht berücksichtigt. Dies kann aber im Einzelfall variieren.

3. Interessentensuche, Teaser

Der Erfolg einer Transaktion steht und fällt mit dem Finden potentieller Käufer. Je mehr Interessenten vorhanden sind, umso besser ist die Verhandlungsposition des Verkäufers.

Der Verkäufer kann natürlich selbst versuchen, potentielle Käufer ausfindig zu machen und unmittelbar ansprechen.

Problematisch ist dabei oftmals, dass der Veräußerer seine Verkaufsabsichten vorerst regelmäßig noch nicht publik machen will, um Kunden und Mitarbeiter oder auch andere Teilhaber nicht zu verunsichern. Er möchte also zumindest vorerst anonym bleiben. Dies könnte beispielsweise durch ein anonymisiertes Inserat (Print oder online in einschlägigen Fachmedien) gesichert werden. Ein Transaktionsberater, der die Branche kennt und über entsprechende Kontakte verfügt, kann potenzielle Interessenten, ebenfalls direkt und ohne den Veräußerer sofort zu identifizieren, kontaktieren.

Auch Wirtschaftsverbände und Kammern bieten teils den Service von „Betriebsvermittlerbörsen" an. Der Veräußerer kann entsprechende Informationen hinterlegen. Vertraulichkeit sollte er sich ggf. ausdrücklich zusichern lassen.

Bei größeren Transaktionen übernehmen auch Investmentbanken die Interessentensuche.

Teaser:

Um potentielle Kaufinteressenten auf das Unternehmen aufmerksam zu machen, kann diesen ein – z. B. auf Basis des Fact Books oder VDD Reports erstellter – Teaser zur Verfügung gestellt werden. Der Verkäufer und sein Unternehmen bleiben hier noch anonym, und es werden auch nur die wesentlichen Eckdaten mitgeteilt.

4. Information Memorandum (Exposé)

Weitaus detaillierter als der Teaser ist das sog. Information Memorandum. Es handelt sich um ein Verkaufsexposé, das ausführliche Informationen für den Interessenten über das zum Verkauf stehende Unternehmen bereitstellt.

Bei Transaktionen im mittelständischen Bereich oder wenn ohnehin nur mit einem oder einigen bestimmten Interessenten verhandelt wird, kann oft auf ein aufwändiges Exposé verzichtet werden. Es kommt auf die konkreten Umstände des Unternehmensverkaufs an. Gibt es mehrere Interessenten, bietet sich die Erstellung eines Information Memorandums allerdings an, da dieses dann zur Angebotsgrundlage gemacht werden kann und so die Vergleichbarkeit der Angebote erleichtert.

Entscheidet man sich für die Erstellung eines solchen Exposés, sollte es auf die angesprochene Zielgruppe – z. B. strategische Interessenten oder Investoren – entsprechend angepasst werden.

Da das Information Memorandum bereits alle wesentlichen Informationen über das zum Verkauf stehende Unternehmen enthält, wird es dem potentiellen Käufer erst nach Unterzeichnung einer Vertraulichkeitsvereinbarung (dazu unten Kapitel 6 Ziffer 5) zugesandt.

Dazu, welche Angaben im Exposé zwingend enthalten sein müssen oder wie es aufgebaut wird, gibt es an sich keine zwingenden Regeln. Es hat sich jedoch bewährt, auf folgende Punkte einzugehen:

- Zusammenfassung des Vorhabens
- Rechtlicher Status, Beteiligungsverhältnisse
- Produktpalette und Dienstleistungen
- Markt- und Wettbewerbssituation

- Kunden- und Lieferantenbeziehungen
- Marketing und Vertrieb
- Organisationsstruktur
- Personal
- Anlagevermögen und Grundstücke
- Finanzen und Steuern

Vorangestellt werden sollte eine Zusammenfassung, die dem Leser als Orientierung dient und zugleich das Interesse weckt, damit der Adressat überhaupt weiterliest. An dieser Stelle bietet es sich z. B. auch an, ggf. die Motive für den Verkauf zu nennen.

Die rechtliche Situation des Unternehmens, also in welcher Rechtsform gehandelt wird, eventuelle Beteiligungsverhältnisse, Registereintragung und Höhe des Stammkapitals, soweit vorhanden, können gleich im Anschluss abgehandelt werden.

Sodann sollten die angebotenen Produkte bzw. Dienstleistungen möglichst detailliert dargestellt werden. Dazu gehören auch die Umstände der Produktion und die erzielbaren Umsätze, jeweils getrennt nach Produktkategorien.

Wichtig ist auch die Erläuterung der aktuellen Markt- und Wettbewerbssituation: Auf welchem Markt kann die Leistung des Unternehmens angeboten werden? Wie hoch sind die aktuellen Marktanteile? Wie sind die Konkurrenzverhältnisse einzuschätzen? Zur Darstellung der allgemeinen Lage der Branche können Informationen der Branchenverbände herangezogen werden. Unternehmensspezifische Merkmale gehören jedoch ebenso dazu, z. B. sollten besondere Alleinstellungsmerkmale wie Marken- und Lizenzrechte oder spezielles Know-how aufgeführt werden.

Im Weiteren wäre auf die bestehenden Kunden- und Lieferantenbeziehungen einzugehen. Von besonderem Interesse für den Käufer wird beispielsweise eine detaillierte Darstellung der wichtigsten Kunden und der entsprechenden Umsatzanteile sein. Dies ist wichtig, weil insbesondere bei Verlust eines Großkunden erhebliche Risiken drohen. Außerdem müssen besonders wichtigen Abnehmern oftmals auch besondere Rabatte oder sonstige Vergünstigungen eingeräumt werden. Auch dies wäre evtl. anzusprechen.

Auch Erläuterungen zu Marketingmaßnahmen sollten nicht fehlen.

Beispiel:

Es könnte die Präsenz bei bestimmten Fachmessen oder die Mitgliedschaft in bestimmten Verbänden erwähnt werden.

Auch Informationen zum Vertrieb und die dafür eingesetzten Mitarbeiter sind wichtige kaufpreisrelevante Punkte.

Ferner ist die Organisationsstruktur des Unternehmens zu beschreiben. Welche Standorte bestehen, wie sind die Aufgaben verteilt?

Ferner relevant: Welches Personal mit welcher Qualifikation ist vorhanden? Wie stellt sich das Gehaltsgefüge im Personalbereich dar? Besteht eine hohe Fluktuation? Besteht ein Betriebsrat? Falls ja, sollten auch die wesentlichen Betriebsvereinbarungen aufgeführt werden. Werden auch Freie Mitarbeiter oder Leiharbeitnehmer beschäftigt? Von Interesse ist in der Regel auch eine kurze Darstellung des beruflichen Werdegangs des Managements.

Des Weiteren ist auf die vorhandenen Vermögenswerte, Produktionsanlagen und Grundstücke, Gebäude etc. und deren aktueller Zustand einzugehen. Fotos veranschaulichen die Darstellung. Eine sachverständige Bewertung ergibt ein vollständiges Bild.

Unverzichtbar ist eine Schilderung der finanziellen und steuerlichen Lage des Unternehmens. Die einschlägigen Kriterien sind für den Käufer besonders wichtig. Dargestellt werden die Bilanzen bzw. Gewinn- und Verlustrechnungen der letzten vier Jahre. Auch für das laufende Jahr sind die vorläufigen Zahlen wiederzugeben, ebenso die Planzahlen für die Folgejahre. Aufstellungen zum Auftragsbestand und Berechnungen zur Rentabilität sind für den Käufer ebenso entscheidende Informationen. In steuerlicher Hinsicht sollten Hinweise zur steuerlichen Veranlagung und zu den Ergebnissen von Außenprüfungen erteilt werden. Wurde bereits eine professionelle Unternehmensbewertung eingeholt, so kann das Ergebnis unter Nennung der Bewertungsmethode angegeben werden.

Wichtig ist, dass der Verkäufer im Information Memorandum nicht nur einseitig die positiven Seiten aufführt, sondern auch vorhandene Risiken benennt. Zum einen kann er sich haftbar machen, wenn er Wesentliches verschweigt (vgl. dazu Kapitel 7 Ziffer 6). Zum anderen zeugt es durchaus von Seriosität und schafft Vertrauen, wenn auch die problematischen Punkte offen angezeigt und nicht verschwiegen oder nur in einem nicht angemessenen

Umfang dargestellt werden. Und schließlich ist es auch eine Frage der Darstellung, ob ein Umstand (nur) als aktueller Mangel oder als Anknüpfungspunkt für Verbesserungen wahrgenommen wird.

Ein sorgfältig erstelltes Exposé gibt dem Interessenten also einen umfassenden Überblick und signalisiert damit Professionalität. Umständliches und zeitintensives Nachfragen erübrigt sich dann oftmals, wenngleich natürlich nicht auf alle Spezialinteressen eines jeden potenziellen Käufers bereits im Vorfeld Rücksicht genommen werden kann.

5. Vertraulichkeitsvereinbarung

Mit der Aufnahme von Vertragsverhandlungen entsteht bereits ein vorvertragliches Schuldverhältnis zwischen den Parteien, das gewisse gegenseitige Schutzpflichten mit sich bringt (§ 241 Abs. 2 BGB). Somit kann eine Pflichtverletzung auch schon anlässlich der Vertragsverhandlungen einen gesetzlichen Schadensersatzanspruch begründen.

Beispiel:

Bei grundlosem Abbruch der Vertragsverhandlungen hinsichtlich vergeblicher Aufwendungen oder bei unterlassener Aufklärung über relevante Tatsachen kann ein Schadensersatzanspruch entstehen.

Dieser gesetzliche Schutz wird im Zusammenhang mit Vertragsverhandlungen über einen Unternehmensverkauf jedoch nicht als ausreichend angesehen. Das Information Memorandum enthält bereits viele sensible Daten, die nicht für die Öffentlichkeit bestimmt sind. Es wird deshalb erst nach Unterzeichnung einer Vertraulichkeitsvereinbarung, auch Non-Disclosure Agreement („NDA") oder Confidentiality Agreement genannt, übergeben. Der Abschluss einer Vertraulichkeitsvereinbarung ist vor allem regelmäßig Voraussetzung für die Aufnahme konkreter Verkaufsverhandlungen.

Die Vertraulichkeitsvereinbarung soll verhindern, dass die Vertragsverhandlungen zu früh an die Öffentlichkeit dringen. Außerdem verpflichtet sich der Kaufinteressent, Informationen, die ihm im Zusammenhang mit den Verkaufsverhandlungen bekannt werden, nicht zulasten des Veräußerers zu verwenden, auch wenn die Vertragsverhandlungen scheitern sollten. Teils werden auch ganz konkrete Unterlassungspflichten statuiert, z. B. keine Mitarbeiter abzuwerben.

Ein Verstoß gegen die Vertraulichkeitserklärung berechtigt den Verkäufer zur Geltendmachung von Schadensersatz. Zusätzlich abgesichert wird die Verpflichtungserklärung des Käufers oftmals mit der Vereinbarung empfindlicher Vertragsstrafen.

Eine gerichtliche Durchsetzung von Schadensersatzansprüchen oder einer Vertragsstrafe kann im konkreten Einzelfall zwar schwierig sein, da es im Zweifel nicht genügt, dass der Verkäufer einen Vertragsverstoß vermutet, vielmehr muss er einen solchen auch beweisen. Bei der Geltendmachung von Schadensersatzansprüchen muss der Verkäufer außerdem grundsätzlich darlegen und beweisen, dass ihm hierdurch tatsächlich ein Schaden entstanden ist. Zumindest dieses zuletzt genannte Beweisproblem kann der Veräußerer durch die Vereinbarung einer Vertragsstrafe vermeiden. Der Abschluss einer strafbewehrten Vertraulichkeitsvereinbarung hat deshalb mehr als nur Appellcharakter. Ein ernsthaft interessierter Vertragspartner wird keine Probleme haben, eine Vertraulichkeitsvereinbarung zu unterzeichnen. Jemand, der sich nur mal „interessehalber" umschauen möchte, wird davor wohl eher zurückschrecken.

6. Bieterverfahren und Process Letter, Exklusivitätsvereinbarung

Gibt es mehrere Kaufinteressenten, kann der Verkäufer eine Art Auktionsverfahren durchführen, bei dem die Interessenten in Wettbewerb zueinander treten. Durch diese Konkurrenzsituation kann in der Regel ein höherer Kaufpreis erzielt werden. Der Verkäufer kann sich dann das beste Angebot aussuchen. Umgekehrt gerät der Verkäufer selbst nicht so leicht unter Druck, wenn ein einzelner Verhandlungspartner die Fortsetzung der Gespräche von einem bestimmten Punkt abhängig machen will. Außerdem kann der Verkäufer den zeitlichen Ablauf vorgeben und so die Verhandlungen zeitlich straffen.

Sinnvoll kann ein solches – auch Limited Auction genanntes – Verfahren u. a. bei Unternehmensverkäufen aus der Insolvenz sein, weil es relativ zügig durchgeführt werden kann.

Aus der zeitlichen Limitierung folgt jedoch auch ein erhöhter Arbeitsaufwand während dieser Phase, sowohl für die eingeschalteten Berater als auch für den Unternehmer selbst bzw. von ihm evtl. zugezogene Mitarbeiter.

Üblich sind derartige Bieterverfahren – wegen des zusätzlichen Aufwands – erst bei Transaktionsvolumen im höheren Bereich oder wenn mit einer größeren Anzahl von Interessenten zu rechnen ist. Es kommt jedoch immer auf den konkreten Einzelfall an. Kosten und Nutzen sind gegeneinander abzuwägen. Entscheidet man sich für ein Bieterverfahren, ist eine gute Vorbereitung ein „Muss". Der Ablauf muss im Vorhinein festgelegt werden, welcher auch den Bietern sodann vorgegeben wird: Mit dem sog. Process Letter informiert der Verkäufer die Bieter über die geplante Struktur und den zeitlichen Ablauf des Verfahrens.

Allen Bietern ist eine einheitliche Angebotsgrundlage zur Verfügung zu stellen. Dies wird oftmals der aufbereitete Vendor Due Diligence Report (vgl. oben Kapitel 6 Ziffer 2) sein. Je sorgfältiger dieser erstellt ist, desto weniger lässt er Fragen offen, die ansonsten mindestens vermeidbare Verzögerungen verursachen würden. Lücken und Ungenauigkeiten oder fehlende Unterlagen können aber auch im schlimmsten Fall dazu führen, dass ein Bieter vorzeitig aussteigt.

Zunächst sind die Bieter aufgefordert, auf Grundlage des ihnen vorliegenden Exposés ein vorläufiges, unverbindliches Angebot (Non-Binding-Offer oder Indicative-Offer) abzugeben. Der Verkäufer wird in der Regel auch verlangen, dass der Bieter erklärt, wie er den angebotenen Kaufpreis berechnet hat. So kann der Verkäufer erkennen, wie einzelne Bestandteile bewertet wurden und evtl. Missverständnisse noch rechtzeitig klären.

Der Käufer kann auf Grundlage dieser Angebote dann schon „die Spreu vom Weizen" trennen.

Die verbliebenen Bieter erhalten sodann im zweiten Schritt Zugang zu einem in der Regel virtuellen Datenraum, in dem sie weitere Informationen erhalten können. Sie können dort eine eigene Due Diligence (vgl. unten Kapitel 7) durchführen und den eingeschalteten Beratern Fragen stellen. Diese Fragen werden im System verwaltet und so gleichzeitig dokumentiert. Schließlich stellt der Verkäufer einen Entwurf des Kaufvertrags (Sale-and-Purchase-Agreement,

SPA) zur Verfügung, der von den Bietern kommentiert und mit Änderungsvorschlägen versehen werden kann (sog. SPA-Mark-Up).

Wichtig ist, dass die einzelnen Bieter keine Informationen über ihre Konkurrenten erhalten – weder über deren Identität noch Anzahl noch deren Angebote. Nur so behält der Verkäufer die „Fäden in der Hand".

Schließlich sind die Bieter aufgefordert, ein endgültiges Angebot (Binding-Offer) abzugeben. Entgegen dem Wortlaut handelt es sich hierbei jedoch noch nicht um ein verbindliches Angebot im Rechtssinne, dass der Verkäufer dieses Angebot nur noch anzunehmen braucht. Vielmehr ist dieses nur die Grundlage für den Verkäufer zu entscheiden, mit welchen Bietern er die Vertragsverhandlungen fortsetzt.

Der Verkäufer kann sich also die besten Angebote aussuchen und die weiteren Vertragsverhandlungen im Detail auf diese Bieter beschränken. Dabei sollte sich der Verkäufer nicht zu früh auf wenige oder gar nur einen bestimmten Bieter endgültig festlegen. Jedenfalls sollte er nicht voreilig den weniger attraktiv erscheinenden Angeboten absagen. Es könnte schließlich sein, dass man mit dem Favoriten doch nicht handelseinig wird und dann auf ein anderes Angebot zurückgreifen möchte. Allerdings ist es durchaus möglich, mit dem Favoriten die Verhandlungen exklusiv zu führen und dies dem Interessenten in einer Exklusivitätsvereinbarung auch zumindest für eine bestimmte Zeit verbindlich zuzusagen. Zumindest dann, wenn es um einen besonders attraktiven, starken Bieter geht und aller Wahrscheinlichkeit nach mit einem Vertragsabschluss gerechnet werden kann, entspricht eine solche Exklusivitätsvereinbarung durchaus gängiger Praxis. Wenn der Bieter verlangt, Verhandlungen mit anderen Bietern abzubrechen, so sollte im Gegenzug ein pauschaler Schadensersatz oder eine Vertragsstrafe (sog. Break Fee) für den Fall des Abbruchs der Vertragsverhandlungen durch den Bieter vereinbart werden.

Ohne eine Exklusivitätsvereinbarung kann der Verkäufer auch weiter mit mehreren Bietern gleichzeitig verhandeln, was die Wettbewerbssituation zwischen den Bietern aufrechterhält und sich so entsprechend kaufpreissteigend auswirken kann.

Allerdings wird nicht nur der Kaufpreis allein entscheidend sein. Auch andere Kriterien, die eine reibungslose Übergabe gewährleisten, sind wichtig.

Beispiel:

Zu nennen wären vom Käufer verlangte Garantien zum Kaufgegenstand (die völlig unterschiedliche Umfänge haben können), die Übernahme von Personal, die Weiterarbeit des früheren Inhabers als z. B. Geschäftsführer für einen gewissen Zeitraum, die Akzeptanz von Mitgesellschaftern oder Modalitäten der Kaufpreiszahlung (Ratenzahlung, Besicherung, bedingungsabhängige Kaufpreisbestandteile).

Kartellrechtliche Überlegungen können im Einzelfall ebenfalls eine Rolle spielen (vgl. dazu Kapitel 10 Ziffer 5).

7. Letter of Intent

In einem Letter of Intent (LoI) erklären die Vertragsparteien ihre ernsthafte Absicht, miteinander Vertragsverhandlungen führen zu wollen, mit dem Ziel, einen Kaufvertrag über das zum Verkauf stehende Unternehmen abzuschließen. Er wird in der Regel von einer Vertragspartei in Briefform abgefasst und von der anderen Partei gegengezeichnet.

Darin können der bisherige Verhandlungsstand wiedergegeben und noch abzuklärende Punkte benannt werden. Teils ist auch im LoI eine Vertraulichkeitsvereinbarung oder Exklusivitätsvereinbarung (vgl. Kapitel 6 Ziffer 5 und 6) enthalten. Es wird festgelegt, welche Rechte und Pflichten gelten sollen und ob und ggf. wie ein Verstoß sanktioniert wird. Vor allem hat er jedoch Appellcharakter, also mehr eine psychologische Funktion.

Oftmals stellt die vom Käufer im LoI bestätigte Kaufpreishöhe für diesen die absolute Obergrenze dar, ist also für ihn der Ausgangspunkt für Verhandlungen „nach unten". Aus Sicht des Verkäufers sollte daher der LoI keinesfalls einen möglichen Kaufpreis nennen, der bereits unter seiner eigenen Schmerzgrenze liegt.

Der LoI ist kein Vorvertrag im rechtlichen Sinne. Er führt also nicht zu einem Anspruch auf Abschluss des Vertrages. Die Verhandlungen können trotzdem jederzeit abgebrochen werden. Allerdings kann der Abbruch von Vertragsverhandlungen zu einem Schadensersatzanspruch der anderen Partei führen, wenn diese bereits erhebliche Aufwendungen im berechtigten Vertrauen auf das Zustandekommen des Vertrages getätigt hat. Erweckt also ein Vertragspartner beim anderen das Vertrauen, dass ein Vertragsabschluss quasi mit Sicherheit zu erwarten ist und enttäuscht er dieses Vertrauen, verhält er sich widersprüchlich und kann sich schadensersatzpflichtig machen (§§ 311 Abs. 2, 241 Abs. 2 BGB).

Zu beachten ist jedoch, dass durch das Statuieren von Schadensersatz- oder Vertragsstrafen gesetzliche Formvorschriften nicht unterlaufen werden dürfen. Denn durch die genannten Sanktionen wird ein Druck zum Vertragsabschluss aufgebaut, der den gesetzlichen Funktionen von Formvorschriften zuwiderlaufen kann. Diese sollen nämlich die Vertragspartner auch vor übereiltem Handeln schützen, sie haben also eine „Warnfunktion". Wird die Form nicht eingehalten, ist der zugrundeliegende Vertrag nichtig (§ 125 BGB). Dies gilt namentlich für Transaktionen, bei denen auch ein Grundstück übertragen werden soll (§ 311b Abs. 1 BGB). Aber auch bei der Übertragung von z. B. GmbH-Anteilen sieht das Gesetz die notarielle Beurkundung vor (§ 15 Abs. 3 GmbHG). Ein indirekter Zwang zum Abschluss eines solchen Vertrages würde Sinn und Zweck der Formvorschriften widersprechen, sie könnten ihre Funktion nicht erfüllen. Der BGH lässt deshalb bei solchen Verträgen eine Schadensersatzpflicht nur dann zu, wenn der Abbruch der Vertragsverhandlung als ein besonders schwerwiegender Verstoß gegen redliches Verhalten erscheint, was nur bei vorsätzlichem Handeln denkbar und in der Regel nur selten der Fall sein dürfte, zum Beispiel, wenn das Interesse an den Vertragsverhandlungen nur vorgespielt war[7].

Soweit keine gesetzlichen Formvorschriften umgangen werden, können die Parteien jedoch im LoI durchaus regeln, wie weit eine rechtliche Bindung gehen soll und für Vertragspflichtverletzungen auch Sanktionen festlegen.

[7] BGH, Urt. v. 29.03.1996 – V ZR 332/94.

Due Diligence

1. Vorbemerkungen

Der englische Fachbegriff Due Diligence bedeutet „mit erforderlicher Sorgfalt“. Im Zusammenhang mit einem Unternehmenskauf ist damit die Prüfung des Kaufobjekts gemeint. Der Käufer unterzieht das Unternehmen einer sorgfältigen Prüfung, um die für die Kaufentscheidung erforderlichen Informationen zu erhalten. Nur wenn er über die maßgeblichen Eigenschaften des Unternehmens Bescheid weiß, kann er eine Entscheidung darüber, ob er das Unternehmen überhaupt und wenn ja, zu welchen Konditionen, kaufen möchte. Da nur der Verkäufer über die einschlägigen Kenntnisse verfügt, ist der Käufer bei der Informationsgewinnung auf dessen Mitwirkung angewiesen.

2. Funktion

Der Käufer möchte möglichst viel über den Tätigkeitsbereich des Unternehmens, die historische Entwicklung, die Geschäftsführung und die finanzielle Situation erfahren, um Risiken und potentielle Geschäftschancen einschätzen zu können. Auch die Beziehungen zu Mitgesellschaftern, involvierten Familienangehörigen, Belegschaft und einem eventuell bestehenden Betriebsrat, Banken, Lieferanten und Kunden sind wichtig.

Die Due Diligence dient also

- der Ermittlung des Werts des Unternehmens (sog. Pricing)
- der Bewertung der Risiken
- der Sicherung von Gewährleistungsansprüchen
- der Sicherung von Beweisen und der Dokumentation der Informationen durch den Verkäufer.

Insbesondere letzterer Punkt zeigt, dass die Due Diligence durchaus auch im Interesse des Verkäufers durchgeführt wird. Besonders bedeutende Risiken müssen vom Verkäufer nämlich ungefragt offenbart werden. Geht es um die Beteiligung des Erwerbers an einem lebensfähigen Unternehmen, erstreckt sich die Aufklärungspflicht des Verkäufers auf alle Umstände, welche die Überlebensfähigkeit ernsthaft gefährden, insbesondere also drohende oder bereits eingetretene Zahlungsunfähigkeit oder Überschuldung, aber auch auf

Werthaltigkeit von Forderungen, z. B. wenn der Käufer Darlehensrückzahlungsansprüche erwirbt[8].

3. Verpflichtung zur Due Diligence?

Wie dargelegt, liegt die Durchführung einer Due Diligence-Prüfung durchaus im Interesse beider Parteien. Sie hat sich in der Praxis bewährt und ist als probates Tool zur Risikominimierung anerkannt.

Dennoch besteht grundsätzlich keine Verpflichtung zur Durchführung einer Due Diligence. Der Käufer ist anders als bei Handelsgeschäften über Waren prinzipiell nicht zur Untersuchung und unverzüglichen Rüge von etwa vorhandenen Mängeln verpflichtet. § 377 HGB findet beim Unternehmenskauf keine Anwendung. Auch wenn die Durchführung einer Due Diligence-Prüfung vor einem Unternehmenskauf inzwischen weithin üblich geworden ist, so dass man evtl. von einer „Verkehrssitte" sprechen könnte, soll ein Käufer, der eine solche Prüfung nicht durchführt, dennoch nicht wegen grober Fahrlässigkeit mit späteren Schadensersatzansprüchen gegen den Verkäufer ausgeschlossen sein (§ 442 BGB)[9].

Handelt auf Käuferseite jedoch nicht der Inhaber persönlich, sondern ein Fremdgeschäftsführer oder Vorstand, so haben diese die Sorgfalt eines gewissenhaften Geschäftsleiters walten zu lassen (§§ 43 GmbHG, 93 Abs. 1 AktG). Vor einer wichtigen Investitionsentscheidung, wie den Kauf eines Unternehmens, wird man deshalb von diesen in aller Regel die Durchführung einer Due Diligence zu verlangen haben. Unterbleibt diese, können Schadensersatzansprüche der Käufergesellschaft gegen sie persönlich entstehen. Umgekehrt kann das Unterlassen, erfüllte Aufklärungspflichten zu dokumentieren, für den Geschäftsleiter der Verkäufergesellschaft einen Sorgfaltsverstoß darstellen. Dieser Personenkreis sollte also auch im Eigeninteresse mit der entsprechenden Sorgfalt handeln und eine Due Diligence-Prüfung ordnungsgemäß durchführen, um eventuelle Schadensersatzforderungen ihres Dienstherrn zu vermeiden.

---

8 OLG Düsseldorf, Urt. v. 16.6.2016 – I 6 U 20/15.

9 Vgl. *Beisel/Klumpp,* § 2 Rz. 8 ff., m. w. N.

4. Durchführung

Die Parteien vereinbaren zunächst, welche Punkte geprüft und welcher Zeitrahmen hierfür angesetzt werden soll. Hilfreich ist es, eine Checkliste und einen Zeitplan zu erstellen. Dabei sollte man sich auf die wirklich relevanten Punkte konzentrieren.

Sodann bereitet der Verkäufer die maßgeblichen Dokumente und Unterlagen vor und stellt sie dem Kaufinteressenten in einem Datenraum zur Verfügung. Dieser Datenraum ist heute in der Regel virtuell, d. h. die Dokumente werden elektronisch vorgehalten. Es können auch ein physischer und ein virtueller Datenraum miteinander kombiniert werden, etwa wenn umfangreiche Konstruktions- oder Lagepläne geprüft werden, die auf einem Bildschirm nur schwer prüfbar sind.

Für die Überprüfung schaltet der Kaufinteressent in der Regel professionelle Berater ein, die die Unterlagen für ihn prüfen und auch eine entsprechende Dokumentation erstellen. Dabei handelt es sich je nach Fachgebiet um spezialisierte Rechtsanwälte, Steuerberater, Wirtschaftsprüfer oder technische Spezialisten.

Während der Durchführung und/oder im Anschluss an die Due Diligence ergeben sich oftmals Fragen, die möglichst zügig beantwortet werden sollten. Dies kann entweder im virtuellen Datenraum elektronisch oder vor Ort im echten Datenraum über einen vom Verkäufer beauftragten Datenraum-Manager erfolgen, der sich im Bedarfsfall um weitere Unterlagen kümmert oder Rede und Antwort steht.

Inhalte und Ergebnis der Due Diligence werden schließlich in einem Report festgehalten.

5. Datenschutz

Bei der Durchführung der Due Diligence ist auf den Schutz von personenbezogenen Daten zu achten. Der Verkäufer darf solche dem Interessenten nicht ohne Weiteres zur Verfügung stellen, der Interessent solche umgekehrt nicht ohne Erlaubnisnorm erheben oder sonst wie nutzen. Nach dem Wirksamwerden der Datenschutzgrundverordnung (DSGVO) und des Bundesdatenschutzgesetzes neu (BDSG neu) am 23. Mai 2018 haben datenschutzrechtliche Aspekte an Bedeutung gewonnen, da drastische Sanktionen bei Verstößen vorgesehen sind: Betroffene haben u. a. Anspruch auf Ersatz ihres materiellen und immateriellen Schadens (Art. 82 DSGVO). Darüber hinaus können Geldbußen bis zu 10 Mio. Euro oder bis zu 2 Prozent des weltweit erzielten Jahresumsatzes verhängt werden (Art. 83 Abs. 4 DSGVO).

Personenbezogene Daten sind solche, die einer identifizierten oder identifizierbaren natürlichen Person zugeordnet werden können (Art. 4 Nr. 1 DSGVO). Natürliche Person ist nicht nur eine Privatperson oder ein Verbraucher. Auch eine unternehmerisch tätige Person ist vom Schutzbereich, wenn es sich um eine natürliche (nicht juristische) Person handelt, umfasst. Relevant wird das Datenschutzrecht also insbesondere im Zusammenhang mit Kunden-, Lieferanten-, Dienstleister- und Beschäftigtendaten.

Datenschutzrechtlich unproblematisch ist die Weitergabe von Informationen, wenn der Betroffene eingewilligt hat (Art. 6 Abs. 1 lit. a DSGVO). Eine solche Einwilligung von allen Betroffenen vorab einzuholen, erscheint jedoch wenig praktikabel. Außerdem möchten die Beteiligten in einem frühen Stadium ihre (Ver)kauf(s)pläne oft noch nicht öffentlich machen.

Als sichere Alternative im Vorfeld eines Unternehmenskaufs, wenn also erst noch geprüft wird, ob ein Unternehmenskaufvertrag überhaupt abgeschlossen werden soll, kommt die Anonymisierung personenbezogener Daten in Betracht, denn dann handelt es sich mangels Identifzierbarkeit mit einer natürlichen Person nicht um personenbezogene Daten im Sinne der DSGVO und des BDSG neu.

Werden Daten erst beim Vollzug eines Share Deals offengelegt, ist dies ebenfalls datenschutzrechtlich problemlos, da sich hier der Rechtsträger der Information und der Verarbeitungszweck nicht ändern. Es findet kein datenschutzrechtlich relevanter Vorgang statt.

Anders kann dies im Rahmen eines Asset Deals zu beurteilen sein:

Soweit es sich um Arbeitnehmerdaten handelt, die im Rahmen eines Betriebsübergangs (dazu noch sogleich unter Kapitel 7 Ziffer 7 zum Asset Deal, Legal Due Diligence, Arbeitsrecht) von Relevanz sind, so wird die Datenübermittlung ggf. zur „Durchführung des Beschäftigtenverhältnisses erforderlich" und damit gerechtfertigt sein (§ 26 Abs. 1 Satz 1 BDSG neu). Auch eine Erlaubnis nach Art. 6 Abs. 1 lit. f DSGVO kommt in Betracht, wenn die Datenweitergabe zur Wahrung der berechtigten Interessen des Verantwortlichen oder Dritten erforderlich ist und die Interessen und Rechte der betroffenen Person nicht überwiegen. Es ist also eine Einzelfallabwägung erforderlich. Auch hier ist der Verkäufer auf der sicheren Seite, wenn er die personenbezogenen Daten zunächst nur anonymisiert zur Verfügung stellt.

Will der Unternehmenskäufer in bestehende Verträge des Verkäufers (z. B. mit Vermietern oder Beratern) eintreten, muss ohnehin dessen Zustimmung zur Vertragsübernahme eingeholt werden. In diesem Zusammenhang kann sogleich die Einwilligung in die Weitergabe und künftige Nutzung seiner Daten angefragt werden.

Werden die Daten des Vertragspartners nur zur Durchführung bereits bestehender Verträge (z. B. Abwicklung einer Bestellung) benötigt, kann eine Weitergabe der Daten in der Regel auch im Interesse des Vertragspartners liegen, so dass eine Rechtfertigung gemäß Art. 6 Abs. 1 lit. b i. V. m. 4 DSGVO vorliegen kann. Auch hier kommt es aber auf den jeweiligen Einzelfall an.

Sollen Bestandsdaten (z. B. Kundendaten) nicht nur zur Abwicklung einer bestehenden Vertragsbeziehung genutzt werden (z. B. für künftige Webeaktionen), ist nach alter Rechtslage eine Nutzung dieser Daten wohl dann zulässig, wenn der Betroffene im Vorfeld über die geplante Weitergabe der Daten informiert wird, ihm eine angemessene Widerspruchsfrist eingeräumt und er diese verstreichen lässt[10]. Hieran dürfte sich auch nach neuer Rechtslage wenig geändert haben: Art. 13 Abs. 3, 21 DSGVO sehen ebenfalls die Information des Betroffenen über die Zweckänderung der Nutzung seiner Daten und sein Widerspruchsrecht vor. Bei einer Nutzung von Telefonnummer und E-Mail-Adresse zu Werbezwecken ohne vorherige ausdrückliche Einwilligung stellt sich allerdings zusätzlich eine wettbewerbsrechtliche Problematik, da dies als unlautere wettbewerbliche Handlung gemäß § 7 Abs. 2 Nr. 2 und 3 UWG gilt.

Schließlich ist zu beachten, dass der Veräußerer auch dann, wenn Daten im Rahmen eines Asset Deals rechtmäßig weitergegeben wurden, die betroffenen Personen von dieser „Zweckänderung" ihrer Daten informieren muss, und zwar zeitlich vor dem Vertragsschluss (Art. 13 Abs. 3 DSGVO). Den Erwerber treffen umfassende Informationspflichten nach Art. 14 DSGVO.

---

10 https://www.lda.bayern.de/media/pm2015_10.pdf, zuletzt aufgerufen: 28.05.2019.

Der Beachtung von datenschutzrechtlichen Vorgaben kommt somit eine hohe Bedeutung zu. Den Verantwortlichen ist unbedingt anzuraten, sich bereits im Vorfeld der Due Diligence mit diesem Thema zu befassen.

6. Haftung

Für bekannte Risiken haftet der Käufer nicht (§ 442 BGB). Dies gilt auch bei grob fahrlässiger Unkenntnis des Verkäufers. Handeln die Berater des Käufers nachlässig, muss sich der Käufer dies im Haftungsfall anspruchsmindernd oder gar haftungsausschließend zurechnen lassen (§ 278 BGB).

Der Verkäufer, der vorsätzlich offenbarungspflichtige Umstände verschweigt oder gar falsch beantwortet (z. B. falsche Bilanz- oder Ertragszahlen vorlegt), macht sich schadensersatzpflichtig (§§ 280, 311 Abs. 2 BGB). Der Käufer kann verlangen, so gestellt zu werden, als ob er von dem Vertrag nie etwas gehört hätte, d. h., ein bereits abgeschlossener Vertrag wird rückabgewickelt, nutzlose Aufwendungen sind zu ersetzen. Hat der Käufer das Unternehmen bereits übernommen und eine Zeit lang geführt, kann eine Rückabwicklung problematisch sein. In solchen Fällen kommt ein finanzieller Ausgleich in Betracht. Hat der Käufer seinerseits nachlässig gehandelt, muss er sich evtl. ein Mitverschulden (§ 254 BGB) zurechnen lassen, das dazu führen kann, dass der Anspruch ganz oder teilweise ausgeschlossen ist.

Die regelmäßige Verjährungsfrist für den Anspruch aus einem Verschulden bei Vertragsschluss (culpa in contrahendo) bei vorsätzlichem Verhalten beträgt drei Jahre ab Kenntnis des Käufers bzw. wenn er ohne grobe Fahrlässigkeit Kenntnis von den maßgeblichen anspruchsbegründenden Tatsachen erlangt haben müsste (§§ 195, 199 Abs. 1 BGB).

Bei fahrlässigem Handeln haftet der Verkäufer ebenfalls nach den Grundsätzen über die Verschuldenshaftung bei Vertragsschluss (culpa in contrahendo). Allerdings ist hier noch nicht abschließend durch die Rechtsprechung geklärt, ob hierfür die dreijährige (§ 199 BGB) oder zweijährige Verjährungsfrist (§ 438 BGB) gilt.

Daneben kommt bei einer arglistigen Täuschung des Käufers durch den Vertragspartner eine Anfechtung des Kaufvertrags (§ 123 BGB) oder ein Schadensersatzanspruch wegen vorsätzlicher sittenwidriger Schädigung (§ 826 BGB) in Betracht. Die Anfechtungsfrist beträgt ein Jahr ab Kenntnis der Täuschung. Die Verjährungsfrist für den Anspruch aus § 826 BGB beträgt drei Jahre ab Kenntnis des Käufers von den maßgeblichen anspruchsbegründenden Tatsachen (§§ 195, 199 Abs. 1 BGB).

Ist dem Verkäufer arglistiges Verhalten vorzuwerfen, helfen übrigens auch eventuell vereinbarte Haftungsfreizeichnungen nicht mehr, denn der Verkäufer darf sich auf diese dann nicht berufen (§ 444 BGB).

Im Übrigen haftet der Verkäufer nach den kaufrechtlichen Gewährleistungsregeln unabhängig von einem Verschulden prinzipiell für die Dauer von zwei Jahren ab Übergabe des Unternehmens (§ 438 BGB).

Wichtig: Der Verkäufer sollte alle wichtigen Umstände schon von sich aus mitteilen, um etwaige Haftungs- und Gewährleistungsansprüche auszuschließen. Der Käufer wiederum sollte möglichst sorgfältig die zur Verfügung gestellten Informationen prüfen, um später keine bösen Überraschungen zu erleben und dann evtl. sogar mit Ansprüchen gegen den Verkäufer wegen grob fahrlässiger Unkenntnis ausgeschlossen zu sein (§ 442 BGB).

Aus Sicht des Käufers hat die Due Diligence somit in erster Linie Informations-, für den Verkäufer Entlastungsfunktion.

Es empfiehlt sich, im Vertrag Vereinbarungen zur Haftungsverteilung für bestimmte Umstände und Verhältnisse aufzunehmen, insbesondere durch:

- Garantievereinbarungen
- Freistellungsvereinbarungen
- Verjährungsfristen
- Festlegung von Rechtsfolgen im Gewährleistungsfall

Da die gesetzlichen Haftungsregeln insbesondere dann, wenn eine Übergabe des Unternehmens schon stattgefunden hat, oftmals in der Durchsetzung und Abwicklung mit großen Schwierigkeiten verbunden sind, wird sinnvollerweise bereits im Kaufvertrag Vorkehrung getroffen und ein praktikables Haftungsregime vereinbart. Grundsätzlich ist es üblich geworden, ein gemäß den vorerwähnten gesetzlichen Regelungen weitgehend entsprechendes eigenständiges Haftungssystem zu vereinbaren.

7. Arten

Welche Themen überprüft werden, hängt naturgemäß von der Art des Zielunternehmens, den besonderen Interessen des Käufers sowie der Art der rechtlichen Gestaltung ab. Bei einem Share Deal tritt der Erwerber im Wege der sog. Globalzession in alle Rechte und Pflichten des Veräußerers ein. Das Haftungsrisiko ist somit ungleich größer als bei einem Asset Deal, bei dem nur einzelne Vermögensgegenstände erworben werden. Allerdings kann auch hier durch besondere gesetzliche Vorschriften angeordnet sein, dass der Erwerber in die Rechtsstellung des Veräußerers eintritt, z. B. bei einem Betriebsübergang oder beim Erwerb von Wohnimmobilien.

Im Folgenden sollen diejenigen Prüfungsthemen kurz dargestellt werden, die in der Regel eine wichtige Rolle spielen. Die Aufzählung und die jeweilige Darstellung können jedoch nur einen Überblick geben und erheben keinen Anspruch auf Vollständigkeit für jede denkbare Fallgestaltung. Bei der konkreten Umsetzung ist stets auf die besonderen Umstände des Einzelfalls zu achten, insbesondere welche Interessen im Vordergrund und welche Budgets für die Prüfung in zeitlicher und finanzieller Hinsicht zur Verfügung stehen. Typischerweise sind Umfang und Vielfalt der zu überprüfenden Umstände von den individuellen Eigenheiten des zu erwerbenden Unternehmens und dessen Branche abhängig.

Share Deal:

Bei einem Share Deal übernimmt der Käufer alle rechtlichen Positionen des Veräußerers, er tritt in seine Rechtspositionen unmittelbar ein. Somit sind auch die Haftungsrisiken entsprechend groß, der Prüfungsbedarf im Rahmen einer Due Diligence entsprechend umfassend. Dasselbe gilt im Wesentlichen bei der Übernahme eines Handelsgeschäfts eines Einzelkaufmanns bei Firmenfortführung (§ 25 HGB) oder bei Eintritt in ein solches (§ 28 HGB).

Geprüft werden üblicherweise folgende Themen:

Financal Due Diligence

Bei der Financial Due Diligence wird die vermögensrechtliche Seite des Unternehmens geprüft. Es geht um die finanziellen Rahmendaten und die Ertragslage. In der Regel werden die letzten drei, bisweilen auch fünf Jahre geprüft.

Rechnungswesen und Bilanzen des Unternehmens werden untersucht. Vorgelegt werden die Jahresabschlüsse/Gewinnermittlungen und betriebswirtschaftlichen Auswertungen, evtl. ergänzt durch eine Aufstellung der Forderungen und Verbindlichkeiten. Letzteres ist immer dann erforderlich, wenn das Unternehmen keine kaufmännische Buchhaltung führt, sondern stattdessen eine Einnahmen-Überschussrechnung erstellt, wie sie beispielsweise bei Freiberuflern üblich ist. Denn aus dieser Einnahmen-Überschussrechnung lassen sich Forderungen und Verbindlichkeiten nicht herauslesen. Sie bildet nur Zu- und Abflüsse ab.

Die Daten müssen sodann einer näheren Analyse unterzogen und ggf. bereinigt werden. Wenn Erträge oder Belastungen z. B. nur ausnahmsweise angefallen sind oder an die Person des Verkäufers gebunden sind, muss dies entsprechend berücksichtigt werden. Beispielsweise kann es sein, dass bestimmte Geschäfte nur aufgrund einer besonderen persönlichen Beziehung zum Verkäufer (z. B. Darlehen von Familienangehörigen zu besonderen Konditionen) oder aus steuerlichen Gründen eingegangen wurden. Auch wenn Anlagen, die das Unternehmen nutzt, im Privateigentum des Verkäufers oder Familienangehörigen stehen, ist unbedingt zu prüfen, ob diese auch bei einem Verkauf des Unternehmens weiterhin genutzt werden können und zu welchen Konditionen.

Anschaulich dargestellt werden kann die Entwicklung der Vermögenslage in einer Tabellenkalkulation, in der beispielsweise die Entwicklung der Sachanlagen, der Investitionen oder bestimmte Kostenquoten dargestellt werden. Zur Bewertung bietet sich jedenfalls für bilanzerstellende Unternehmen die Verwendung bilanzrechtlicher Kennzahlen an, wobei jedoch zu berücksichtigen ist, dass diese stets einen gewissen Gestaltungs- und Interpretationsspielraum zulassen.

Aus den gewonnenen Daten lassen sich sodann Rückschlüsse auf die Organisation und Effizienz des Unternehmens in den verschiedenen Bereichen ziehen. Schließlich sollten noch die Organisationsstruktur und die Abläufe zum Rechnungswesen und Controlling abgefragt werden.

Die Financial Due Diligence schließt nach Möglichkeit mit einer Prognose zur Ertragslage für die Zukunft ab. Diese ist Grundlage für die Kaufpreisbildung. Unsicherheiten hinsichtlich der künftigen Entwicklung kann in Form einer Kaufpreisanpassungsklausel Rechnung getragen werden (sog. Earn-Out-Klausel, dazu vgl. Kapitel 8 Ziffer 5 Abschnitt „Kaufpreisregelung“).

Commercial Due Diligence

Untersucht wird bei der Commercial Due Diligence die Marktposition des Unternehmens innerhalb seiner Branche. Wie hoch sind seine Anteile am relevanten Markt, wie stellt sich die Wettbewerbssituation allgemein in der Branche und konkret für das zu verkaufende Unternehmen dar?

Hinsichtlich der allgemeinen Wettbewerbssituation am Markt kann auf Veröffentlichungen von Branchenverbänden oder Banken zurückgegriffen werden. Auch Fachzeitschriften können Informationen liefern. Zentrale Punkte sind hierbei oftmals der technische und/ oder demografische Wandel.

Bei der Bewertung der individuellen Situation des zu verkaufenden Unternehmens sind sowohl weiche als auch harte Merkmale zu berücksichtigen. Wichtig sind z. B. das Image der Firma, aber auch konkrete Vorteile gegenüber Wettbewerbern, z. B. besonderes Know-how, Patente und Markenrechte.

Die Commercial Due Diligence kann also wesentliche Informationen über den künftigen Geschäftserfolg liefern.

Welche Fragen konkret behandelt werden sollen, richtet sich nach dem Zielobjekt und den individuellen Interessen des Käufers.

Marketing Due Diligence

Bei der Marketing Due Diligence werden die Vertriebsstruktur und die Kundenbeziehungen überprüft.

Wie werden Kunden akquiriert und gebunden? Wer verfügt im Betrieb über welche Kundenkontakte? Wie ist es um die Qualifikation der Vertriebler bestellt? Herrscht eine hohe Fluktuation in der Vertriebsabteilung? Welcher Umsatz entfällt auf welchen Kunden bzw. welche Produktgruppe? Hier kann eine detaillierte Liste hilfreich sein.

Bei langjährigen Geschäftsbeziehungen sollte ein besonderer Blick auf die dortigen Entscheidungsträger geworfen werden. Unter Umständen kann eine solche Beziehung z. B. aufgrund eines zu erwartenden Wechsels (Alter?) oder wegen einer besonderen persönlichen Verbindung zum bisherigen Inhaber nicht langfristig aufrechterhalten werden.

Gab es in der Vergangenheit Forderungsausfälle? Was waren die Ursachen?

Die Marketing Due Diligence gibt einen entscheidenden Überblick über die künftigen Geschäftschancen.

Legal Due Diligence

Bei der Legal Due Diligence werden rechtliche Aspekte geprüft, also ob sich das Unternehmen bzw. dessen Führung in der Vergangenheit rechtskonform verhalten hat und welche juristischen Risiken für einen Erwerber bestehen. Prüfungspunkte sind insbesondere gesellschaftsrechtliche, arbeitsrechtliche, vertragsrechtliche und datenschutzrechtliche Themen. Für die steuerrechtliche Thematik wird oftmals ein gesonderter Bericht erstellt.

Gesellschaftsrecht

Der Käufer wird zunächst die gesellschaftsrechtlichen Strukturen des Unternehmens prüfen, insbesondere darauf, ob der Anteil frei veräußerlich ist oder Zustimmungserfordernisse bestehen, ob alle Gründungsvorschriften eingehalten wurden und Anteile einbezahlt wurden. Ein Risiko stellen verdeckte Sacheinlagen (§ 19 Abs. 4 GmbHG) dar, da eine Nachzahlungspflicht bestehen kann.

Zur Prüfung werden in jedem Fall die Satzung, eine Gesellschafterliste und ein chronologischer Handelsregisterauszug benötigt.

Vertragsprüfung

Es werden die Verträge mit Lieferanten und Kunden geprüft. Und zwar sowohl hinsichtlich des jeweiligen Auftragsvolumens als auch der bestehenden Konditionen.

Dabei werden auch die vom Zielunternehmen verwendeten Allgemeinen Geschäftsbedingungen auf Rechtskonformität überprüft. Klauseln, die gegen AGB-Recht verstoßen, sind unwirksam (§§ 305 ff. BGB). Es gelten dann die gesetzlichen Bestimmungen (§ 306 Abs. 2 BGB). Somit kann auch der Geschäftserfolg bereits abgeschlossener Verträge noch zweifelhaft sein, wenn sich der Vertragspartner auf eine unwirksame Klausel z. B. zum Haftungsausschluss beruft.

Ggf. wird der Erwerber die bislang verwendeten Geschäftsbedingungen für künftige Geschäfte nachbessern müssen.

Arbeitnehmer und sonstige Mitarbeiter

Wird keine gesonderte Human Resources Due Diligence durchgeführt, sind die dort genannten Aspekte im Rahmen der Legal Due Diligence abzuhandeln.

Versicherungen

Auch die Prüfung von Versicherungsverträgen gehört zur Legal Due Diligence. Der Interessent wird sich nicht nur die laufenden Versicherungsverträge ansehen, um einen Überblick über den bestehenden Versicherungsschutz zu erhalten (z. B. Produkthaftungs-, Gebäude-, Betriebsunterbrechungsversicherung), sondern auch, ob die Prämien bezahlt sind und welche Schäden in der Vergangenheit gemeldet wurden.

Auch Laufzeiten und Kündigungsfristen sind interessant, da der Erwerber den einen oder anderen Vertrag eventuell nicht weiterführen möchte.

Kredite

Ein weiterer Schwerpunkt liegt auf der Prüfung von Krediten. Wichtig sind nicht nur die Laufzeiten und Zinsbestimmungen sowie Fragen zu Sicherheiten. Zu berücksichtigen ist auch, dass in manchen Kreditverträgen sog. Change-of-Control-Klauseln enthalten sind. Das bedeutet, dass der Vertragspartner ein außerordentliches Recht zur Kündigung hat, wenn es zu einem Inhaberwechsel kommt.

Immobilienverträge

Werden Immobilien übernommen, sind diese auf dingliche Belastungen hin zu überprüfen.

Bei Miet- und Pachtverträgen ist insbesondere auf Laufzeit zu achten: Wurde beispielsweise die Schriftform nicht eingehalten, gelten trotz einer vereinbarten Festlaufzeit die gesetzlichen Kündigungsfristen (§ 550 BGB).

Tax Due Diligence

Die steuerliche Situation des Unternehmens wird in der Tax Due Diligence untersucht und dargestellt. Das Augenmerk liegt auf steuerlichen Risiken und Möglichkeiten zur Optimierung.

Vorgelegt werden insbesondere die Steuererklärungen und -bescheide, Jahresabschlüsse, Lage- und Geschäftsberichte, Betriebsprüfungsberichte, Berichte zur Lohnsteueraußenprüfung und Umsatzsteuerprüfung der vergangenen Jahre.

Gestaltungsmodelle sind auf ihre wirtschaftliche und juristische Tragfähigkeit zu untersuchen.

Geprüft werden u. a. Rückstellungen, Abschreibungen und Organschaften.

Bei Verträgen mit Gesellschaftern ist auf die Angemessenheit der Verrechnungspreise zu achten. Auch verdeckte Gewinnausschüttungen an Gesellschafter können zu einer unvorhergesehen Steuerbelastung führen. Je nach Ergebnis wird der Käufer vom Verkäufer bestimmte steuerliche Garantien oder Freistellungserklärungen fordern. Diese werden in der Regel mit einer längeren Verjährungsfrist vereinbart als die übrigen Garantien.

Technical Due Diligence

Es werden technische Anlagen und die IT-Infrastruktur überprüft. Entsprechen diese dem Stand der Technik? Sind sie regelmäßig gewartet worden? Oder besteht ein Reparaturstau? Wie hoch sind die Unterhaltungskosten? Sind Kapazitäten für eine eventuelle Erweiterung vorhanden?

Sind alle erforderlichen öffentlichen-rechtlichen Genehmigungen zum Betrieb oder sonstige Zertifizierungen vorhanden? Müssen diese ggf. erneuert werden? Sind diese an besondere Personen gebunden, folglich deren Verbleib im Unternehmen wichtig?

In diesem Zusammenhang sind auch evtl. mit dem Betrieb verbundene Umweltgefährdungen zu prüfen, soweit dies nicht im Rahmen einer gesonderten Environment Due Diligence geschieht.

Die Einschaltung eines technischen Sachverständigen wird hier zu empfehlen sein.

Human Resources Due Diligence

Bei der Human Resources Due Diligence werden sowohl personalwirtschaftliche als auch arbeitsrechtliche Themen geprüft. Insoweit erfolgt sie in Abstimmung mit der Legal Due Diligence.

In arbeitsrechtlicher Hinsicht sind sowohl die kollektiv- als auch die individualrechtlichen Rechte und Pflichten zu prüfen. Bestehen tarifvertragliche Bindungen? Gibt es einen Betriebsrat und wie ist das Verhältnis zu diesem? Gibt es laufende Rechtsstreitigkeiten mit dem Betriebsrat? Welche Kosten für diese und die sonstige Betriebsratstätigkeit sind zu erwarten?

Welche Betriebsvereinbarungen oder sonstigen Gesamtzusagen oder Regelungsabreden sind vorhanden? Wie steht es um die Kündbarkeit und eventuelle Nachwirkungen?

Die individuellen Arbeitsverträge werden auf Inhalte, Sonderkonditionen (z. B. Dienstwagen), Laufzeit, Sonderkündigungsschutz (z. B. schwerbehinderte Menschen) und Rechtskonformität überprüft.

Bei Pensionszusagen ist darauf zu achten, ob ausreichend Rückstellungen gebildet worden sind. Oftmals ist dies nicht der Fall. Ggf. kann eine entsprechende Rückdeckungsversicherung abgeschlossen werden, um schwer kalkulierbare demografische Risiken abzudecken. Die Prämie hierfür könnte z. B. beim Kaufpreis berücksichtigt werden.

Daneben werden auch personalwirtschaftlich relevante Daten der Belegschaft erfasst wie Alter, Qualifikation, Krankenstände, Vergütung, Überstunden sowie Dauer der Betriebszugehörigkeit. Letztere gibt Aufschluss über die Fluktuationsrate.

Die Organisationsstruktur sollte sich der potentielle Erwerber ebenfalls erläutern lassen, am besten in Form eines Organigramms. Stellenbeschreibungen und Kompetenzregelungen sollten eingesehen werden.

Mit entsprechender Branchenerfahrung kann ggf. erkannt werden, ob ein Personalüberhang oder ungedeckter Personalbedarf besteht.

Auch die Anzahl von Kündigungen in der Vergangenheit oder Rechtsstreitigkeiten mit Arbeitnehmern lassen Rückschlüsse auf eventuelle Probleme in der Personalarbeit schließen.

Bei den Verträgen mit Führungskräften und Organmitgliedern ist ein besonderes Augenmerk auf sog. Change-of-Control-Klauseln zu richten, die in manchen Verträgen enthalten sein können. Mit solchen Klauseln behält sich der Vertragspartner vor, bei einem Inhaberwechsel den Vertrag zu kündigen, weil die Zusammenarbeit mit einem neuen Inhaber für ihn evtl. weniger attraktiv erscheint.

Auch Verträge mit freien Mitarbeitern, Handelsvertretern und Beratern sind auf Inhalt, Laufzeit und Übereinstimmung mit den gesetzlichen Bestimmungen zu überprüfen. Bei freien Mitarbeitern kann sich das Problem der Scheinselbstständigkeit stellen, wenn in rechtlicher Hinsicht in Wahrheit ein Arbeitsverhältnis vorliegt. Aus dieser Konstellation können sich enorme Haftungsrisiken und damit verbundene Nachforderungen nicht nur in arbeitsrechtlicher, sondern auch in steuerlicher und sozialversicherungsrechtlicher Hinsicht ergeben, wenn sich später herausstellen sollte, dass der vermeintliche Auftraggeber in Wahrheit Arbeitgeber des „freien Mitarbeiters" ist.

Bei Handelsvertreter-Verträgen sind insbesondere nachvertragliche Wettbewerbsverbote und Abfindungsregelungen interessant.

Asset Deal

Bei einem Asset Deal erwirbt der Käufer die jeweiligen Betriebsmittel einzeln. Die damit verbundenen Risiken sind wesentlich geringer als beim Share Deal. Dennoch sind auch hier bestimmte Punkte zu beachten:

Legal Due Diligence

Gesellschaftsrecht

Wird bei einem Asset Deal das gesamte oder nahezu gesamte Betriebsvermögen veräußert, kann dies eventuell nur mit Zustimmung der Mitgesellschafter geschehen. Von Gesetzes wegen vorgesehen ist dies für alle Personengesellschaften, also die GbR, die OHG, die KG und die PartG. (§§ 719 BGB, 105 Abs. 3, 161 Abs. 2 HGB, 1 Abs. 4 PartGG). Aber auch für die Aktiengesellschaft und die GmbH ist ein Beschluss der Hauptversammlung bzw. Gesellschafterversammlung erforderlich (§ 179a AktG, bzw. § 49 Abs. 2), wenn das gesamte Gesellschaftsvermögen übertragen werden soll.

Ansonsten haben bei der GmbH eventuelle Beschränkungen der Geschäftsführung durch die Satzung oder den Geschäftsführervertrag nach außen keine Wirkung (§ 37 GmbH). Dies bedeutet, holt der Geschäftsführer keine vertraglich vereinbarte Zustimmung der

Gesellschafter ein, macht er sich zwar der Gesellschaft gegenüber schadensersatzpflichtig, das Geschäft mit dem Dritten ist jedoch wirksam.

Auch im Aktienrecht können Kompetenzen des Vorstandes nur in gesetzlich zugelassenen Einzelfällen auf die Hauptversammlung übertragen werden (z. B., wenn vinkulierte Namensaktien übertragen werden sollen, § 68 Abs. 2 Satz 3 AktG), so dass die Vertretungsmacht des Vorstands nach außen im Übrigen nicht beschränkt ist.

Arbeitsrecht

In arbeitsrechtlicher Hinsicht kann auch ein Asset Deal zur (ungewollten) Übernahme von Arbeitsverhältnissen führen, wenn ein Betriebsübergang im Sinne von § 613a BGB vorliegt. Dies ist dann der Fall, wenn ein Betrieb oder Betriebsteil auf den Käufer übergeht. Der Begriff „Betrieb" ist dabei funktional zu verstehen. Betrieb ist eine auf Dauer angelegte wirtschaftliche Einheit zur Ausübung wirtschaftlicher Tätigkeit mit eigener Zielsetzung. Der Betriebsteil ist eine wirtschaftliche, organisatorisch eigenständige Untergliederung, die einen eigenen Teilzweck verfolgt. Entscheidend ist, ob der Erwerber die wesentlichen sachlichen und personellen Betriebsmittel übernimmt. Schon die Übernahme von Räumlichkeiten, besonders wichtiger Know-how-Träger oder essentieller Anlagen kann genügen, um die Rechtsfolgen eines Betriebsübergangs herbeizuführen. Der Erwerber übernimmt dann prinzipiell die gesamte Belegschaft zu den Konditionen im Zeitpunkt des Betriebsübergangs. Eine Änderung der Konditionen ist nur unter bestimmten Voraussetzungen möglich. Eine Kündigung nur wegen des Betriebsübergangs ist ausgeschlossen (§ 613a Abs. 4 BGB).

Liegt ein Betriebsübergang vor, sind sowohl der alte als auch der neue Betriebsinhaber gesetzlich verpflichtet, alle betroffenen Arbeitnehmer über den Betriebsübergang zu informieren, und zwar über den Zeitpunkt des Übergangs, den Grund für den Übergang sowie dessen rechtliche, wirtschaftliche und soziale Folgen für die Arbeitnehmer und hinsichtlich der Arbeitnehmer geplanten Maßnahmen (§ 613a BGB). Die Unterrichtung hat in Textform zu erfolgen (§ 126b BGB). Textform ist eine auf einem dauerhaften Datenträger abgegebene, lesbare Erklärung, in der die Person des Erklärenden genannt ist, z. B. eine E-Mail oder ein Brief. Der Arbeitnehmer kann dann dem Übergang seines Arbeitsverhältnisses auf den Betriebserwerber innerhalb eines Monats nach der Unterrichtung widersprechen. Dem Arbeitnehmer kann also kein neuer Arbeitgeber aufgezwungen werden. Er bleibt dann Arbeitnehmer des früheren Betriebsinhabers. Dieser wird dann, wenn er keine Beschäftigungsmöglichkeit für den Arbeitnehmer mehr hat, das Arbeitsverhältnis betriebsbedingt kündigen. Bis zur wirksamen Beendigung des Arbeitsverhältnisses schuldet der frühere Betriebsinhaber das vereinbarte Gehalt.

Wichtig: War die Unterrichtung über den Betriebsübergang durch den Arbeitgeber fehlerhaft (etwa weil der Inhalt unvollständig war), so beginnt die Widerspruchsfrist für den Arbeitnehmer nicht zu laufen. Er kann also noch Jahre nach dem Inhaberwechsel dem Übergang seines Arbeitsverhältnisses auf den neuen Betriebsinhaber widersprechen, solange er sein Widerspruchsrecht noch nicht verwirkt hat.

Dies hat zur Folge, dass er gegen den früheren Betriebsinhaber evtl. noch Vergütungsansprüche geltend machen kann. Eine Verwirkung des Widerspruchsrechts setzt nicht nur einen nicht näher definierten Zeitablauf, sondern auch ein sog. Umstandsmoment im Verhalten des Berechtigten voraus, aus dem der Vertragspartner, hier also der Arbeitgeber, schließen durfte, dass der Arbeitnehmer sein Recht zum Widerspruch nicht mehr ausüben werde. Das BAG hat in einer aktuellen Entscheidung festgestellt, dass Verwirkung jedenfalls dann vorliegt, wenn der Arbeitnehmer zumindest über

die grundlegenden Informationen zum Betriebsübergang in Textform unterrichtet wurde und sodann sieben Jahre beim neuen Betriebsinhaber gearbeitet hat, ohne sich zu äußern.[11]

Für die Due Diligence bedeutet dies, dass bei einem potentiellen Betriebsübergang auch die Arbeitsverhältnisse und Verträge mit freien Mitarbeitern (die ggf. als Scheinselbstständige ebenfalls dem Arbeitsrecht unterfallen können) zu prüfen sind (vgl. oben Kapitel 7 Ziffer 7 Abschnitt „Share Deal – Human Resources Due Diligence").

Immobilien-, Miet- und sonstige externe Verträge

Werden Immobilien übernommen, sind diese auf dingliche Belastungen hin zu überprüfen. Dies gilt für Asset Deal und Share Deal gleichermaßen.

---

[11] BAG, Urt. v. 24.08.2017 – 8 AZR 265/16.

Bei einem Asset Deal ist die Vorschrift des § 566 BGB zu beachten, wenn es um vermieteten Wohnraum geht. Hiernach tritt der Erwerber an Stelle des Vermieters in die entsprechenden Rechte und Pflichten des Mietverhältnisses ein.

Sollen Mietverträge übernommen werden, sind diese auf ihre Laufzeit zu überprüfen. Wurde beispielsweise die Schriftform nicht eingehalten, gelten trotz einer vereinbarten Festlaufzeit die gesetzlichen Kündigungsfristen (§ 550 BGB).

Sonstige externe Verträge (z. B. Wartungs-, Versicherungs-, Beratungsverträge) sind auf entsprechende Werthaltigkeit zu überprüfen. Insoweit kann auf die obigen Ausführungen zum Share Deal verwiesen werden.

Dabei ist zu beachten, dass der Eintritt des Erwerbers in solche Verträge nicht automatisch erfolgt, sondern die Zustimmung des jeweiligen Vertragspartners eingeholt werden muss.

Tax Due Diligence

In steuerlicher Hinsicht ist bei einem Erwerb eines Unternehmens oder eines Betriebs im Ganzen mittels eines Asset Deals auf die Haftung des Erwerbers für rückständige Steuerschulden nach § 75 AO hinzuweisen. Demgemäß haftet der Käufer für alle Steuern, die für das Unternehmen oder den Betrieb seit dem Beginn des letzten, vor der Übereignung liegenden Kalenderjahrs entstanden sind und bis zum Ablauf von einem Jahr nach Anmeldung des Betriebs durch den Erwerber festgesetzt oder angemeldet werden.Ein Unternehmen oder ein Betrieb werden „im Ganzen" übereignet, wenn die durch das Unternehmen repräsentierte organische Zusammenfassung von Einrichtungen und dauernden Maßnahmen, die dem Unternehmen dienen oder zumindest seine wesentlichen Grundlagen ausmachen, auf den Erwerber übergehen, so dass der Erwerber das Unternehmen ohne nennenswerte finanzielle Aufwendungen fortführen kann. Auch ein einzelnes Grundstück kann beispielsweise wesentliche Grundlage sein, die das Unternehmen als solches verkörpert[12].

Liegen die Voraussetzungen des § 75 AO vor, sollte der Erwerber unbedingt prüfen, ob die steuerlichen Sachverhalte in der Vergangenheit zutreffend erfasst wurden oder ob mit Nachzahlungen

12 BFH, Urt. v. 11.05.1993 – VII R 86/92.

zu rechnen ist. Dabei ist eine Prüfung der Steuererklärungen und -bescheide unerlässlich. Bei einem Einzelunternehmen sind in diesen auch die privaten Einkommensverhältnisse wiedergegeben, weshalb der Verkäufer diese oftmals nur ungern preisgeben wird. Verweigert er die Einsicht, sollte das Risiko entweder mit einem Abschlag beim Kaufpreis berücksichtigt oder einer entsprechenden Garantieklausel samt Sicherheit abgefedert werden.

Technical Due Diligence

Insoweit kann auf die Ausführungen zum Share Deal verwiesen werden.

Insbesondere muss neben der Werthaltigkeit der Anlagen überprüft werden, ob bei einem Inhaberwechsel etwaige Betriebsgenehmigungen oder Zertifizierungen neu beantragt werden müssen.

8. Prüfungsergebnisse

Bei der Bewertung der Ergebnisse sollte sich der Käufer immer bewusst sein, welche Informationen tatsächlich wichtig und welche weniger bedeutend sind.

Risiken sind nach ihrem potentiellen Schaden, den sie anrichten können einerseits und der Wahrscheinlichkeit ihres Eintretens andererseits einzustufen.

Zeigen sich potentiell existenzbedrohende Risiken oder solche, deren Eintritt nicht relativ unwahrscheinlich oder wirtschaftlich unbedeutend ist, muss überlegt werden, wie diese Risiken zu beherrschen sind, sei es durch das Ergreifen entsprechender Maßnahmen zur Risikominimierung oder eine entsprechende Absicherung im Kaufvertrag. Erscheint beides nicht zielführend, sollte man sich als Käufer nicht scheuen, von einem Kauf Abstand zu nehmen, auch wenn man schon viel Zeit und Geld in die Prüfung investiert hat. Es ist keineswegs ungewöhnlich, dass Vertragsvertragsverhandlungen in diesem Stadium endgültig abgebrochen werden.

9. Insiderinformationen

Im Rahmen einer Due Diligence erhält der Käufer Informationen, die öffentlich nicht bekannt sind und die die Bedingungen einer späteren Transaktion beeinflussen können. Dabei kann es sich unter

Umständen um Insiderformationen im Sinne der Marktmissbrauchsverordnung (MMVO) handeln. Solche dürfen nur eingeschränkt offengelegt und genutzt werden. Der Missbrauch von Insiderinformationen kann nach Art. 14 a-c MMVO i. V. m. § 119 Abs. 3 WpHG mit Geldstrafe oder bis zu fünf Jahren Freiheitsstrafe geahndet werden.

Allerdings gilt das strenge Insiderrecht nur beim Erwerb von „Finanzinstrumenten".

Beispiel:

Dies ist beispielsweise dann der Fall, wenn es um den Erwerb von Aktien börsennotierter Unternehmen geht oder das zu erwerbende Unternehmen bestimmte auf einem regulierten Markt handelbare Wertpapiere, z. B. Anleihen, herausgegeben hat oder einen Antrag auf Zulassung zu einem regulierten Markt gestellt hat (Art. 2 Abs. 1 MMVO). Welche Finanzinstrumente unter die MMVO fallen, ist in Anhang I Abschnitt C der MiFiDII aufgelistet (Art. 3 Abs. 1 Nr. 1 MMVO).

Geht es nicht um einen Anteilserwerb in diesem Sinne, kommt das Insiderverbot nicht zum Tragen. Denn Ziel der Regelung ist es, einen Missbrauch von Informationen zulasten der übrigen Marktteilnehmer zu verhindern. Wo es keine anderen Marktteilnehmer gibt, müssen auch keine solchen vor einem Missbrauch eines Informationsvorsprungs durch einen Erwerber geschützt werden.

Nach Art. 7 Abs. 1a MMVO sind „Insiderinformationen" u. a. nicht öffentlich bekannte präzise Informationen, die direkt oder indirekt einen oder mehrere Emittenten oder ein oder mehrere Finanzinstrumente betreffen und die, wenn sie öffentlich bekannt würden, geeignet wären, den Kurs dieser Finanzinstrumente oder den Kurs damit verbundener derivativer Finanzinstrumente erheblich zu beeinflussen.

Ein Emittent ist eine juristische Person des öffentlichen oder privaten Rechts, die Finanzinstrumente (z. B. Aktien oder Fondsanteile) emittiert (Art. 3 Nr. 21 MMVO).

Werden Informationen, die im Rahmen einer Due Diligence gewonnen wurden, für die avisierte Transaktion genutzt, kann ein verbotenes Insidergeschäft vorliegen. Allerdings sind nicht alle kaufpreisbildenden Umstände Insiderinformationen. Wenn sich die Führung des Zielunternehmens rechtskonform verhält, hat es ohnehin nach Art. 17 Abs. 1 MMVO Insiderinformationen alsbald zu veröffentlichen. Allerdings kann dies unter bestimmten Voraussetzungen aufgeschoben werden (Art. 17 Abs. 4 MMVO). Und solche Informationen können dann wiederum Insiderinformationen im Rechtssinne darstellen.

Nach alter Rechtslage zu § 14 WpHG, der bis zum 1. Juli 2016 das Recht der Insidergeschäfte regelte, war nach wohl h. M. eine dem Insiderrecht unterfallende Transaktion nach einer Due-Diligence-Prüfung dann unproblematisch, wenn es sich um ein Face-to-face-Geschäft handelte. Darunter ist eine Transaktion unmittelbar zwischen Erwerber und Veräußerer außerhalb der Börse zu verstehen. Eine andere Ansicht verneinte ein verbotenes Insidergeschäft immer dann, wenn ein ungerechtfertigter Sondervorteil eines Vertragspartners durch die Nutzung der Information ausgeschlossen war. Und ein solcher Missbrauch war nicht zu befürchten, wenn der Interessent eines Unternehmenskaufs Informationen vom Verkäufer erhalten hatte und anschließend zwischen beiden ein Vertrag abgeschlossen wurde. Und schließlich sollte das Verbot des § 14 WpHG a. F. auch dann nicht eingreifen, wenn nur ein ohnehin bereits gefasster Erwerbsentschluss umgesetzt wurde. Bei dieser Fallgruppe wurde also die Transaktionsentscheidung schon vor der Durchführung, z. B. in einem „Masterplan", gefasst. Und schließlich war als weitere Ausnahme vom Anwendungsbereich des Verbots die Abgabe eines öffentlichen Übernahmeangebots auf Grundlage einer zuvor durchgeführten Due Diligence anerkannt, jedenfalls dann, wenn das Angebot über dem aktuellen Kurswert lag[13]. Dieser Meinungsstand bezieht sich jedoch noch auf die alte Rechtslage zu § 14 WpHG a. F. Ob sich hieran etwas durch das Inkrafttreten von Art. 7 und 8 MMVO geändert hat, ist juristisch noch nicht abschließend geklärt. Teils wird vertreten, dass die aufgeführten Fallgruppen jedenfalls im Wesentlichen auch nach aktueller Rechtslage als Ausnahmefälle vom Insiderhandelsverbot gelten können[14]. Gesetzlich gesichert ist jedenfalls nach wie vor die Nutzung von Informationen aus einer Due Diligence bei einem nachfolgenden öffentlichen Übernahmeangebot (Art. 9 Abs. 4 MMVO). Im Einzelnen ist jedoch

[13] Vgl. Übersicht zum Meinungsstand noch zu § 14 WpHG a. F. und Übertragung auf die MMVV: *Bühren,* NZG 2017, 1172, m. w. N.; EuGH, Urt. v. 23.12.2009 – C-45/08, „Spector Photo" noch zur Marktmissbrauchsrichtlinie.

[14] Vgl. *Bühren,* NZG 2017, 1172.

noch vieles ungeklärt, insbesondere auch, ob der Interessent nach einer durchgeführten Due Diligence auch ohne Weiteres von dem Erwerb absehen kann. Deshalb wird es sich bei einem der MMVO unterfallenden Anteilserwerb wohl in der Regel empfehlen, selbst dann, wenn einer der aufgeführten Fallkonstellationen vorliegt, in Zweifelsfällen auf eine Due Diligence vor dem Anteilserwerb zu verzichten und nur die öffentlich zugänglichen Informationen zu nutzen.

Der Vertrag

1. Vorbemerkungen

Im Folgenden soll der Inhalt eines Unternehmenskaufvertrags, wie er in der Praxis üblich ist, dargestellt werden. Die Regelungstiefe kann jedoch je nach Art des verkauften Unternehmens und den Wünschen der Parteien stark variieren.

Außerdem hängt der Inhalt maßgeblich von der Art des Kaufvertrages (vgl. oben Kapitel 3) ab. Bei einem Share Deal gehen alle Verbindlichkeiten und Rechte automatisch mit dem Anteilserwerb über. Man spricht dann auch von einem „SPA" für Share Purchase Agreement. Gesonderte Regelungen zwecks Übertragung der einzelnen Vermögensgegenstände sind deshalb nicht erforderlich. Wenn der Veräußerer jedoch für bestimmte Verbindlichkeiten oder Risiken einstehen soll, muss dies ausdrücklich geregelt werden. Anders beim Asset Deal: hier werden nur bestimmte Vermögensgegenstände übertragen, die konkret bezeichnet sein müssen. Aus diesem Grund sind Vertragswerke über einen Asset Deal in aller Regel weit umfangreicher als solche über einen Share Deal.

2. Allgemein, Verhandlungstaktik

Käufer und Verkäufer verfolgen naturgemäß gegenläufige Interessen. Der Käufer will einen möglichst niedrigen Kaufpreis bezahlen und seine Risiken gering halten, der Verkäufer einen möglichst hohen Kaufpreis erzielen und sein Unternehmen, das in nicht seltenen Fällen auch sein Lebenswerk darstellt, in guten Händen wissen. Außerdem möchte er im Nachhinein möglichst keinen Garantieansprüchen o. Ä. ausgesetzt sein.

Im Verhältnis von Verkäufer und Käufer besteht außerdem ein großes Informationsgefälle: Während der Verkäufer in aller Regel sein Unternehmen gut kennt und weiß, wo die Chancen und Risiken liegen, besteht beim Kaufinteressenten ein Informationsdefizit. Bestenfalls kann er davon ausgehen, ein Unternehmen mittlerer Art und Güte zu erwerben, wenn ihm sonstige Informationen fehlen.

Dabei dürften die beiden Parteien völlig unterschiedlich an die Transaktion herangehen: Während der Käufer das Zielobjekt eher sachlich bewertet, besteht beim Veräußerer oftmals eine starke emotionale Bindung zu seinem Unternehmen, das er in vielen Fällen über Jahre aufgebaut hat und das auch ein wesentlicher Lebensinhalt war. Aus diesem Grund neigen Verkäufer dazu, den (Markt-)

Wert ihres Unternehmens zu überschätzen. Argumente, die der Käufer für eine niedrigere Bewertung vorbringt, werden bisweilen als unberechtigte, persönliche Kritik empfunden. Hinzu kommt der allgemein zu beobachtende psychologische Effekt, dass Menschen Dinge, die sie bereits besitzen, höchst ungern hergeben und diese im Wert in der Regel höher einschätzen, als wenn sie die gleiche Sache erst erwerben.

Vielleicht muss der Käufer den Kaufpreis finanzieren und deshalb – anders als der Verkäufer – mit dem Gewinn aus dem Unternehmen auch die Finanzierungskosten erwirtschaften.

Beide Parteien sind gut beraten, sich bei den Vertragsverhandlungen stets in die jeweils andere Partei hineinzuversetzen. Es gilt herauszufinden, was der anderen Partei wichtig ist und bei welchen Punkten Bereitschaft für Zugeständnisse besteht. Andererseits sollte man sich selbst nicht zu sehr oder zu früh „in die Karten schauen" lassen. Um an Informationen zu gelangen, ist es deshalb oft besser zu schweigen, als zu reden: Das Gegenüber fängt dann oftmals von selbst an, das Schweigen zu füllen.

Zunächst muss man sich natürlich im Klaren sein, mit wem man es als Verhandlungspartner zu tun hat. Es macht selbstverständlich einen großen Unterschied, ob man beispielsweise mit einer Investmentgesellschaft oder einem „kleineren" Bewerber, der die Firma persönlich fortführen möchte, um seinen Lebensunterhalt zu sichern, verhandelt. Erstere verfügt zwar über eine hohe finanzielle Potenz. Sie beschäftigt jedoch meist auch einen routinierten Berater- und Mitarbeiterstab. Außerdem hat sie oft einen „langen Atem" bei den Verhandlungen, was den unerfahrenen Veräußerer mürbe machen kann und auch soll.

Nach einem ersten Kennenlernen kann es sich anbieten, einige vertrauensbildende Maßnahmen zu ergreifen, um eine gute Arbeitsatmosphäre zu schaffen, z. B. eine Betriebsführung anzubieten.

Der kluge Interessent wird nicht schon beim ersten Treffen den Inhaber, der sein Unternehmen aus Altersgründen verkaufen will, mit Fragen nach Kunden- und Mitarbeiterdaten konfrontieren, was dieser als zu forsch, wenn nicht gar unverschämt empfinden könnte. Der Veräußerer wird umgekehrt nicht auf eventuelle Schwachpunkte oder einen bestehenden Veräußerungsdruck auf seiner Seite hinweisen. Allerdings sollte dem Veräußerer schon klar sein, dass der Interessent ein legitimes Interesse an Informationen über die wertbildenden Faktoren des zum Verkauf stehenden Objekts hat. Nur wenn er dessen Vorzüge kennt, wird er auch bereit sein, dies beim Kaufpreis entsprechend zu berücksichtigen. Es kann deshalb aus Verkäufersicht durchaus von Nutzen sein, auf eigene Kosten ein neutral erstelltes Gutachten zum Wert des Unternehmens vorzulegen, wenn der zu erwartende höhere Kaufpreis in angemessenem Verhältnis zu den Kosten des Gutachtens steht.

Hat der Kaufinteressent Bedenken hinsichtlich des Ertragswerts oder eventueller Risiken, kann der Verkäufer, der diese Risiken oft besser einschätzen kann, anbieten, den Kaufpreis an den Umsatz oder bestimmte Ertragswerte zu koppeln. Hinsichtlich bestimmter Risiken könnte eine Garantiezusage oder Haftungsfreistellung vereinbart werden. Teils wird auch vorgeschlagen, dem Käufer ein Rücktrittsrecht, das an bestimmte Bedingungen geknüpft werden kann, einzuräumen. Allerdings wird dies oftmals der Interessenlage des Veräußerers nicht gerecht werden, dem an einem endgültigen Verkauf ohne die Unsicherheit einer Vertragsauflösung gelegen ist.

Hat der Interessent Probleme bei der Finanzierung, könnte der Verkäufer ihm eine Stundung des Kaufpreises oder eine Ratenzahlung anbieten. Allerdings sollte er sich dieses Entgegenkommen auch entsprechend honorieren lassen und sich vor allem absichern. Dasselbe gilt, wenn er dem Käufer ein Darlehen zur Finanzierung gewährt.

Der Blick auf die gemeinsamen Interessen führt so im Optimalfall zu einer „Win-win-Situation“ für beide Seiten. Dies setzt jedoch voraus, dass beide Parteien auf einen gerechten Ausgleich bedacht sind. Sucht eine der Parteien ausschließlich ihren eigenen Vorteil, kann die nachgiebigere Partei ins Hintertreffen geraten.

Kaufpreisverhandlungen

Von besonderer Bedeutung ist die erstmalige Bezifferung des Kaufpreisvorschlages durch eine Partei. Mit diesem Betrag setzt sie einen „Anker“, der von hoher Bedeutung für die weiteren Verhandlungen ist. Zeitpunkt und Bezifferung müssen deshalb mit Bedacht gewählt werden. Das erste Angebot sollte stets so hoch (aus Sicht des Verkäufers) bzw. so niedrig (aus Sicht des Kaufinteressenten) beziffert werden, dass die Summe gerade noch begründbar erscheint. Dabei empfiehlt es sich, zunächst die Begründung abzugeben, dann die Summe zu beziffern und dann abzuwarten. Also auch hier gilt wieder: Schweigen ist Gold.

Je nach Reaktion der anderen Partei kann sodann abgeschwächt oder eine zusätzliche Forderung gestellt werden. Zu beachten ist jedoch, dass überzogene Forderungen auch den Vertragsabschluss gefährden können, weil die andere Partei mit einem Abbruch der Verhandlungen reagiert.

Aus taktischer Sicht versuchen Käufer oftmals die Verhandlungen hinauszuzögern, um den Verkäufer mürbe zu machen. Erfahrungsgemäß sind diese, je mehr Zeit und Aufwand sie in eine Vertragsverhandlung mit einem bestimmten Interessenten gesteckt haben, umso eher zu Kompromissen bereit, um die Verhandlung zu einem Abschluss zu bringen.

Umgekehrt wird der Verkäufer eher versuchen, den Verhandlungsdruck auf die Käuferseite zu erhöhen, etwa mit dem Hinweis, dass es auch noch andere Interessenten gibt.

Will eine Partei von der anderen Zugeständnisse erhalten, die diese erkennbar nicht erteilen möchte, werden aus strategischen Gründen oftmals Berater, z. B. Rechtsanwälte oder Transaktionsberater, vorgeschoben, um das Missfallen der anderen Partei aufzufangen. Die negativen Emotionen werden so vom Verhandlungspartner auf dessen Berater umgelenkt. Dies soll verhindern, dass das Verhältnis zwischen den Parteien selbst allzu negativ aufgeladen wird und so den Verhandlungserfolg gefährdet.

Soll der Veräußerer nach der Übergabe noch eine bestimmte Zeit im Unternehmen mitarbeiten, um seine Expertise zur Verfügung zu stellen und eine geordnete Übergabe in Bezug auf Kunden und Mitarbeiter zu ermöglichen, ist es besonders wichtig, dass das Verhältnis zwischen Käufer und Verkäufer durch die Vertragsverhandlungen keinen Schaden nimmt.

Bei allem Taktieren und Verhandeln darf die Grenze des Erlaubten auch in allen anderen Fällen nicht überschritten werden. Täuschen und Tricksen kann den „Strategen" schadensersatzpflichtig machen, wenn hierdurch eigene Sorgfalts- und Redlichkeitspflichten verletzt werden und der anderen Partei hierdurch ein Schaden entsteht. Auch die Strafbarkeit eines Betrugs (§ 263 StGB) kann relevant werden. Bei einem „gemeinschaftlichen" Tricksen zulasten der Steuerbehörden (Stichwort: ein Teil des Kaufpreises soll „schwarz" bezahlt werden) stehen nicht nur Steuerdelikte, sondern auch Verstöße gegen das Geldwäschegesetz im Raum. Außerdem droht bei derartigen „Schwarzgeldabreden" die Nichtigkeit des Kaufvertrags

(§ 125 BGB), sofern dieser notariell beurkundet werden muss (vgl. hierzu unten Kapitel 8 Ziffer 4). Praxisrelevant ist dies also insbesondere beim Kauf von GmbH-Anteilen (§ 15 Abs. 3 und 4 GmbHG) oder bei einem Asset Deal, wenn Grundstücke (mit)verkauft werden sollen (§ 311b Abs. 1 Satz 1 BGB). Denn notariell beurkundet wurde dann nur das Rechtsgeschäft, das einen falschen Kaufpreis ausweist. Dieses ist dann als Scheingeschäft nichtig (§ 117 BGB). Der Vertrag mit dem tatsächlich vereinbarten Kaufpreis wurde hingegen nicht beurkundet und ist deshalb formnichtig (§ 125 BGB). Ein solcher Formmangel kann dann im besten Fall noch durch Vollzug, nämlich Abtretung der GmbH-Anteile[15] (§ 15 Abs. 4 Satz 2 GmbHG) oder Eintragung des Eigentumswechsels ins Grundbuch (§ 311b Abs. 1 Satz 2 BGB) geheilt werden (vgl. unten Kapitel 8 Ziffer 4).

Fazit:

Tatsächlich scheitert in der Praxis wohl die Mehrzahl der Unternehmenskäufe im ersten Anlauf und der Interessent oder das Kaufobjekt der „ersten" Wahl scheiden doch aus. Tatsächlich sollte man sich nicht unnötig unter Druck setzen lassen, sondern sich ggf. nach einem anderen Bewerber oder Objekt umsehen, wenn dies zeitlich opportun ist.

3. Signing/Closing

Im Fachjargon spricht man bei der Unterzeichnung des Kaufvertrags vom sog. Signing. Das sog. Closing hingegen meint die in der Regel nachfolgende Übereignung des Unternehmens und Zahlung des Kaufpreises, also den Vollzug des Kaufvertrags.

Die Zeit zwischen Signing und Closing kann genutzt werden, um Zustimmungen Dritter oder behördliche Genehmigungen, die für den Vollzug erforderlich sein können, einzuholen, oder um die Finanzierung sicherzustellen. Signing und Closing können zeitlich jedoch auch zusammenfallen, wenn bereits alle Vorkehrungen für den Vollzug getroffen sind.

Problematisch ist es, wenn dem Vollzug des Kaufvertrags Gründe entgegenstehen, die nicht beseitigt werden können, und diese Möglichkeit im Kaufvertrag nicht berücksichtigt wurde. Dies können

[15] BGH, Urt. v. 21.09.1994 – VIII ZR 257/93.

bestimmte Übertragungserfordernisse sein, die nicht erfüllt werden können.

Beispiel:

Eine Zustimmung ist seitens der Gesellschaft zur Übertragung von Gesellschafteranteilen eines Gesellschafters an einen außenstehenden Dritten erforderlich (sog. Vinkulierung, vgl. Kapitel 8 Ziffer 5).

Solche Zustimmungsabreden können in der Satzung (§ 68 Abs. 2 Satz 1 AktG) oder im Gesellschaftsvertrag (z. B. § 15 Abs. 5 GmbHG) enthalten sein. Wird die Zustimmung dann nicht erteilt, kann der Veräußerer seine Pflicht aus dem Kaufvertrag nicht erfüllen und macht sich ggf. gegenüber seinem Vertragspartner schadensersatzpflichtig.

Es ist deshalb wichtig, bereits im Kaufvertrag alle etwaigen Übertragungsvoraussetzungen zu berücksichtigen, indem dieser beispielsweise ausdrücklich nur unter der Bedingung der noch zu erteilenden Zustimmung oder aber der Einräumung eines Rücktrittsrechtes bei Nichterteilung der Zustimmung abgeschlossen wird.

In den sog. Closing Conditions legen die Parteien die Voraussetzungen fest, die vor der Übereignung und Zahlung des Kaufpreises erfüllt sein müssen. Damit soll sichergestellt werden, dass sich eine Partei nicht auf andere, nicht vereinbarte Bedingungen berufen und so die Durchführung des Vertrages doch noch infrage stellen kann.

In Einzelfällen erfolgt schon vor dem Closing eine (faktische) Übergabe. Oftmals wird es sich jedoch empfehlen, die Zeit zwischen Signing und Closing für eine geordnete Übergabe zu nutzen, etwa die Geschäftsführung auszutauschen, evtl. einen Berater- oder Arbeitsvertrag mit dem bisherigen Inhaber vorzubereiten oder etwaige Zustimmungen gesellschaftsrechtlicher Art oder Genehmigungen behördlicher Art einzuholen. Etliche Maßnahmen können erst dann sinnvoll erledigt werden, wenn der Kaufvertrag vorliegt.

4. Formerfordernisse

Bei den Formerfordernissen gilt es zu unterscheiden zwischen Formvorschriften im eigentlichen Sinne, also konstitutiv wirkenden Vorgaben, ohne deren Beachtung der Vertrag unwirksam wäre einerseits, und solchen Vorschriften, die zwar die Wirksamkeit des Rechtsgeschäfts nicht infrage stellen, deren Nichtbeachtung aber negative haftungsrechtliche Konsequenzen für Käufer und/oder Verkäufer haben können, andererseits. Es geht hier um Registereintragungen und öffentliche Bekanntmachungen, die zwar nicht Voraussetzung für die Wirksamkeit der Übertragung sind, deren Fehlen jedoch eine Rechtsscheinhaftung auslösen kann. Unterbleibt die Eintragung einer einzutragenden Tatsache, z. B. der Inhaberwechsel bei einer Personenhandelsgesellschaft, haftet unter Umständen der frühere Inhaber weiter für Verbindlichkeiten des Unternehmens, obwohl es bereits verkauft ist. Umgekehrt kann sich auch eine fehlende Eintragung negativ für den neuen Inhaber auswirken.

Im Einzelnen gilt Folgendes:

Konstitutive Formvorschriften

Bewegliche Vermögensgegenstände können an sich formfrei veräußert werden, also sogar schlicht „per Handschlag". Dies gilt auch für Aktien, GbR-Anteile oder Kommanditanteile, soweit nicht auch die Anteile der Komplementär-GmbH mitübertragen werden sollen (dann greift § 15 Abs. 3 und 4 GmbHG; vgl. nächsten Abschnitt).

Bei folgenden Unternehmenskäufen sind jedoch besondere Formvorschriften zu beachten:

GmbH-Anteile

Etwas anderes gilt für GmbH-Anteile. Es ist gesetzlich die notarielle Beurkundung des Anteilsverkaufs vorgeschrieben (§ 15 Abs. 3 und 4 GmbHG). Dieser Formzwang gilt sowohl für den schuldrechtlichen Kaufvertrag über die Verpflichtung zur Abtretung als auch die nachfolgende eigentliche Abtretung der Anteile (also den Vollzug). Man kann jedoch beide Teile in einer Urkunde zusammenfassen. Beurkundungspflichtig sind auch alle Nebenabreden, Zusatzvereinbarungen und Ergänzungen (sog. side letter).

An sich wird im Notartermin der gesamte Vertrag vorgelesen. Auch umfangreiche Unterlagen, z. B. über den Zustand von Grundstücken oder Gebäuden, die Vertragsinhalt werden sollen, müssen der Vertragsurkunde beigefügt werden. Bei bloßen Bestandsverzeichnissen kann jedoch auf eine umständliche Verlesung im Notartermin verzichtet werden (§ 14 BeurkG). Dies gilt z. B. für Verzeichnisse über bestehende Vertragsbeziehungen, mitverkaufte Wirtschaftsgüter,

Versicherungen oder Patente[16]. Auch hier muss jedoch ausdrücklich Bezug genommen werden und explizit erklärt werden, dass der Inhalt bekannt ist.

Der Gesetzgeber wollte durch das Formerfordernis den Handel mit GmbH-Anteilen erschweren, insbesondere einen spekulativen Handel verhindern. Außerdem wird durch den Formzwang die Beweisführung im Streitfall erleichtert. Als Reflex des Formzwanges wird der Veräußerer auch vor Übereilung geschützt.

Ein Formmangel des Verpflichtungsgeschäfts wird jedoch durch eine formwirksame (notarielle) Abtretungsvereinbarung geheilt (§ 15 Abs. 3 GmbHG).

Übertragung des gesamten gegenwärtigen Vermögens

Verpflichtet sich der Veräußerer zur Übertragung seines gesamten gegenwärtigen Vermögens, ist eine notarielle Beurkundung erforderlich (§ 311b Abs. 3 BGB).

Wird nur das Unternehmen (also nicht das „Vermögen" im Ganzen) veräußert, stellt dieses aber im Wesentlichen das gesamte gegenwärtige Vermögen des Verkäufers dar, soll dennoch kein Formzwang nach dieser Vorschrift bestehen.

Die Formvorschrift soll demnach auch nicht gelten, wenn es um das von dem sonstigen Vermögen getrennte Unternehmen eines Einzelkaufmanns geht[17] oder wenn im Kaufvertrag alle zu übertragenden Gegenstände konkret bestimmt sind. Denn dann wird dem Veräußerer klar vor Augen geführt, wozu er sich verpflichtet, und es ist klar, worum es geht. Die Formvorschrift greift nur dann, wenn das „Vermögen im Ganzen" übertragen werden soll. Bei einem Asset Deal müssen ohnehin alle Vermögensgegenstände aufgeführt werden, um sie wirksam übereignen zu können. Und auch bei einem Share Deal dürfte es sich in aller Regel um Vermögen handeln, das vom sonstigen Vermögen des Inhabers getrennt ist und wird wohl deshalb eher nicht als „Vermögen im Ganzen" übertragen. Hinzu kommt, dass die Übertragung von GmbH-Anteilen ohnehin notariell zu beurkunden ist. Deshalb spielt die Formvorschrift des § 311b Abs. 3 BGB in der Praxis keine große Rolle, auch wenn die Rechtsfrage zu dieser Thematik umstritten ist. Dass hierzu

16 *Hermanns,* ZIP 2006, 2296 (2300).

17 OLG Hamm, Urt. v. 26.03.2010 – 19 U 145/09.

ergangene höchstrichterliche Rechtsprechung[18] noch aus den 50er-Jahren stammt, belegt die geringe praktische Relevanz.

Achtung:

Wenn der Veräußerer in Zugewinngemeinschaft verheiratet oder verpartnert ist, kann nach familienrechtlichen Vorschriften die Zustimmung des Ehegatten/Lebenspartners erforderlich sein (§ 1365 BGB/§ 6 LPartG), und zwar auch dann, wenn das zu übertragende Unternehmen „nur" den *wesentlichen* Teil des Vermögens ausmacht. Entsprechendes gilt für die Gütergemeinschaft (§ 1423 BGB).

Grundstücke

Soweit Grundstücke betroffen sind, besteht ein Formzwang auch bei einem Asset Deal. Insoweit sind die Formvorschriften wie bei einer herkömmlichen Grundstücksveräußerung zu beachten. Auch hier ist die notarielle Beurkundung vorgeschrieben (§ 311b Abs. 1 BGB). Es genügt, dass bei Veräußerung eines Einzelunternehmens mit allen Aktiva und Passiva ein Grundstück mit übertragen wird, um den Formzwang auszulösen. Beurkundungspflichtig ist dann der gesamte Vertrag (also auch soweit Forderungen oder Mobiliar verkauft werden), nicht nur der Teil, der das Grundstück betrifft, wenn es sich um einen einheitlichen Vertrag handelt. Dies ist dann der Fall, wenn es sich nach den Vorstellungen der Vertragspartner um ein nicht aufspaltbares, untrennbares Geschäft handelt. Würde man nur den Teil betreffend die Verpflichtung zur Übertragung des Grundstücks beurkunden, wäre das gesamte Geschäft formnichtig (§§ 125, 139, 311b Abs. 1 Satz 1 BGB).

Ein Formverstoß wird jedoch geheilt durch die Auflassung und Eintragung ins Grundbuch (§ 311b Abs. 1 Satz 2 BGB). Bei einem Share Deal findet § 311b Abs. 1 BGB keine Anwendung, selbst dann nicht, wenn wesentliches Gesellschaftsvermögen ein Grundstück ist, denn verkauft wird nicht das Grundstück, sondern der Anteil an der Gesellschaft. Das Eigentum an dem Grundstück geht nicht durch eine Verpflichtung zur Übertragung eines Grundstücksrechts über, sondern automatisch durch den Anteilserwerb.

[18] BGH, Urt. v. 19.06.1957 – IV ZR 214/56.

Eine Beurkundungspflicht kann sich beim Share Deal jedoch, wie soeben oben beschrieben, aus anderen Vorschriften ergeben, z. B. aus § 15 Abs. 3 und 4 GmbHG, § 311b Abs. 3 BGB oder einer vertraglichen Formvereinbarung.

Vertragliche Formvorschriften

Zu Dokumentations- und Beweiszwecken empfiehlt es sich, für ergänzende oder ändernde Vertragsabreden eine Schriftformklausel in den Vertrag aufzunehmen (vgl. Kapitel 8 Ziffer 19), soweit nicht ohnehin kraft Gesetzes die notarielle Beurkundung vorgeschrieben ist (vgl. oben).

Auslandsbeurkundung

Ob die Abtretung von GmbH-Anteilen formwirksam auch von einem ausländischen Notar beurkundet werden kann, hängt davon ab, ob das ausländische Beurkundungsverfahren dem deutschen gleichwertig ist. Dies ist nur dann der Fall, wenn die ausländische Urkundsperson nach Vorbildung und Stellung im Rechtsleben eine der Tätigkeit des deutschen Notars entsprechende Funktion ausübt und für die Errichtung der Urkunde ein Verfahrensrecht zu beachten hat, das den tragenden Grundsätzen des deutschen Beurkundungsrechts entspricht[19].

Bejaht wurde von der Rechtsprechung beispielsweise die Möglichkeit der Beurkundung in der Schweiz (bezogen auf einzelne Kantone)[20] und den Niederlanden[21]. Auch eine Beurkundung durch einen Notar mit Amtssitz in Österreich soll gleichwertig sein[22]. Hier sollte im Einzelfall stets eine detaillierte Überprüfung im Vorfeld erfolgen, oftmals steht eine Gebührenersparnis angesichts des Aufwands der Auslandsbeurkundung und möglichen Risiken in keinem vernünftigen Verhältnis.

19 BGH, Beschl. v. 16.02.1981 – 2 ZB 8/80.

20 BGH, Beschl. v. 16.02.1981 – 2 ZB 8/80 (Kanton Zürich); KG, Beschl. v. 24.01.2018 – 22 W 25/16 (Kanton Bern).

21 OLG Düsseldorf, Beschl. v. 25.01.1989 – 3 Wx 21/89.

22 MüKo-GmbHG-*Harbarth,* § 53 GmbHG Rz. 78.

Haftungsfallen bei fehlender Registereintragung

Anteile von Personengesellschaften

Bei einer Übertragung von Anteilen einer Personenhandelsgesellschaft (OHG, KG oder PartG) sollte man für eine zügige Eintragung im Handelsregister bzw. Partnerschaftsregister sorgen. Diese Eintragung ist zwar keine Voraussetzung zur Wirksamkeit der Übertragung, allerdings ist das Ausscheiden eines Gesellschafters eine in das Register einzutragende Tatsache (§§ 143 Abs. 2, 161 Abs. 2 HGB, 9 PartGG). Wird es versäumt, das Ausscheiden eines Gesellschafters im Handelsregister eintragen zu lassen, so muss sich der ausscheidende Gesellschafter bezüglich der Verbindlichkeiten der Gesellschaft so behandeln lassen, als sei er noch Gesellschafter (§§ 15 Abs. 1 HGB, 5 Abs. 2 PartGG). Somit haftet er weiter persönlich für die Schulden der Gesellschaft (§§ 128 Satz 1 HGB, 8 Abs. 1 Satz 1 PartGG), auch wenn sie erst nach seinem Ausscheiden begründet wurden.

Den ausscheidenden Gesellschafter der OHG, den Komplementär und den Kommanditisten der Kommanditgesellschaft trifft außerdem eine fünfjährige Nachhaftungsphase (beim Kommanditisten grundsätzlich jedoch nur im Umfang seiner beschränkten Kommanditistenhaftung), soweit diese vor dem Ausscheiden begründet und vor dem Ablauf von fünf Jahren nach dem Ausscheiden fällig geworden sind. Maßgeblich für den Fristlauf ist der Tag der Eintragung des Ausscheidens im Handelsregister (§ 160 Abs. 1 Satz 2 HGB). Dasselbe gilt entsprechend für den ausscheidenden Partner einer PartG (§ 10 Abs. 2 PartGG).

Haftung des Erwerbers bei Firmenfortführung

Wer ein Handelsgeschäft erwirbt, kann dieses unter dem Namen der bisherigen Firma fortführen, mit oder ohne einen Nachfolgezusatz, wenn der frühere Inhaber der Firma einwilligt (§ 22 HGB). Dabei ist es irrelevant, ob es sich um ein einzelkaufmännisches Unternehmen, eine OHG, KG, GmbH oder AG handelt.

Fortgeführt wird das Handelsgeschäft dann, wenn der neue Inhaber unter der alten Firma am Markt auftritt. Dabei sind eher geringfügige Änderungen, z. B. am Erscheinungsbild, unbeachtlich. Entscheidend ist, dass auch nach der Übernahme der Kern der alten Firma erhalten bleibt, so dass nach außen der Eindruck der Kontinuität entsteht. Änderungen in der Rechtsform oder bloße Namenszusätze sind deshalb in der Regel unbeachtlich, denn der Verkehrskreis misst diesen meist keine entscheidende Bedeutung bei.

Der Erwerber haftet im Außenverhältnis – also gegenüber den Gläubigern – für alle im Betrieb des Geschäfts begründeten Verbindlichkeiten des früheren Inhabers. Eine abweichende Vereinbarung mit dem früheren Inhaber ist den Gläubigern gegenüber nur wirksam, wenn sie ins Handelsregister eingetragen ist (§ 25 Abs. 1, 2 HGB).

Einreichung der aktualisierten GmbH-Gesellschafterliste zum Handelsregister

Der Erwerber von GmbH-Anteilen sollte sich vergewissern, dass seine Inhaberschaft in der Gesellschafterliste, die zum Handelsregister eingereicht wird (§ 40 Abs. 1 GmbHG), aufgenommen wird. Denn gegenüber der Gesellschaft gilt nur derjenige als Inhaber von Anteilen, der in der Gesellschafterliste als solcher verzeichnet ist. Somit kann nur derjenige Erwerber bei der Beschlussfassung mitwirken, der in der Gesellschafterliste benannt ist.

In aller Regel kümmert sich um die Einreichung der aktualisierten Gesellschafterliste der mit der Beurkundung des Erwerbsvorgangs beauftragte Notar (§ 40 Abs. 2 GmbHG). Oftmals will der neue Inhaber der Anteile die Gesellschaft sofort umgestalten, z. B. einen neuen Geschäftsführer berufen. Die Änderung der Gesellschafterliste ist dann naturgemäß noch nicht beim Handelsregister eingereicht. Die unter Beteiligung des neuen Inhabers gefassten Beschlüsse werden jedoch rückwirkend wirksam, wenn die Liste unverzüglich nach der Rechtshandlung in das Handelsregister aufgenommen wird (§ 16 Abs. 1 GmbHG).

Allerdings kann es in der Praxis vorkommen, dass sich beim Registergericht aus behördeninternen Gründen die Abläufe verzögern, so dass die Liste nicht mehr „unverzüglich aufgenommen" werden kann. Dann kann der Beschluss des neuen Gesellschafters nicht mehr rückwirkend nach dieser Vorschrift wirksam werden. Es empfiehlt sich deshalb, den Beschluss gemeinsam mit dem früheren Anteilsinhaber zu fassen, denn gegenüber der Gesellschaft gilt nur derjenige als Gesellschafter, der formal in der Liste, die beim Handelsregister aufgenommen ist, eingetragen ist. Und dies ist zum Zeitpunkt der Beschlussfassung noch der frühere Inhaber.

Kommanditistenhaftung

Der Kommanditist einer KG haftet nur bis zur Höhe seiner Einlage unmittelbar. Die Haftung ist ausgeschlossen, soweit er seine Einlage bereits an die Gesellschaft geleistet hat (§ 171 Abs. 1 HGB). Demgegenüber haften die sog. Komplementäre voll und persönlich[23] (§§ 161 Abs. 1, 128 HGB). Soll eine Kommanditistenstellung erworben werden, so ist darauf zu achten, dass dies auch entsprechend ins Handelsregister eingetragen wird (§ 162 HGB), denn sonst kann sich eine Haftung für den Erwerber wie ein Komplementär aus Rechtsscheingrundsätzen ergeben (§ 15 Abs. 1 HGB). Er kann sich dann also gegenüber Gläubigern nicht auf seine beschränkte Haftung als Kommanditist berufen, es sei denn, dass diese dem Gläubiger bekannt war.

Auch wenn ein bisheriger OHG-Gesellschafter oder Komplementär in eine Kommanditistenstellung wechselt, bleibt er für Verbindlichkeiten, die in der Zeit vor der Haftungsbeschränkung entstanden und vor Ablauf von fünf Jahren nach Eintragung der Haftungsbegrenzung ins Handelsregister fällig geworden sind, persönlich haftbar (§ 160 Abs. 3 HGB). Die Fünf-Jahres-Frist beginnt also erst ab der Eintragung ins Handelsregister zu laufen, so dass der Kommanditist im eigenen Interesse für eine zügige Eintragung sorgen sollte.

Dasselbe gilt, wenn eine GbR in eine KG umgewandelt wird und der bisherige BGB-Gesellschafter eine Kommanditistenstellung erhalten soll.

Beteiligung ausländischer Vertragspartner

Sind ausländische Verhandlungspartner beteiligt, ist die vertragliche Festlegung eines Zustellbevollmächtigten mit ladungsfähiger Anschrift im Inland zu empfehlen, um bei Bedarf eine unkomplizierte förmliche Zustellung (z. B. bei gerichtlichen Verfahren) zu ermöglichen. Zu diesem Zweck ist vom Vollmachtgeber eine schriftliche Vollmacht auszustellen und der Bevollmächtigte (unwiderruflich) anzuweisen, diese bei Bedarf vorzulegen.

---

[23] Ist Komplementär eine GmbH, so haftet diese mit ihrem Gesellschaftsvermögen. Es haften nicht etwa die Gesellschafter der GmbH persönlich.

5. Unverzichtbare Vertragsbestandteile

Die Gestaltung des Kaufvertrags richtet sich naturgemäß nicht nur nach der rechtlichen Art des Kaufvertrags – soll ein Share Deal, ein Asset Deal oder ein Verschmelzungsvertrag abgeschlossen werden? –, sondern auch nach dem Unternehmensgegenstand des Kaufobjekts (vgl. Kapitel 3). Ein Kauf eines Handelsunternehmens mit großem Lagerbestand erfordert eine andere Vertragsgestaltung als beispielsweise ein Kauf über ein IT-Dienstleistungs- oder Softwarentwicklungsunternehmen. Deshalb gibt es auch nicht „das" Standardvertragsmuster, das für alle Unternehmenskäufe gleichermaßen zumindest dem Grunde nach passend wäre. Übertragen werden je nach Vertragsgegenstand Waren, Know-how, ein Kunden- und/oder Mitarbeiterstamm, Konzessionen, Lizenzen, Patente etc. Daneben sind je nach Wunsch diverse Nebenpflichten zu regeln wie die Pflicht zur Einführung in die Betriebsorganisation, Wettbewerbsverbote u. a.

Beim Kaufvertrag über ein Unternehmen sind deshalb nicht nur die Kaufvertragsregeln des BGB (§§ 433 ff. BGB) zu beachten, sondern es spielen auch arbeits-, familien-, erb-, gesellschafts-, öffentlichrechtliche und steuerrechtliche Elemente eine Rolle.

Dennoch gibt es gewisse Basisregeln, die sich bei allen Unternehmenskaufverträgen als zu beachten bewährt haben.

So ist es beispielsweise nützlich und auch weithin üblich, eine Präambel als „Vorwort" dem eigentlichen Vertragswerk voranzustellen und dort die Motive und Grundlagen des Kaufvertrags kurz zu beschreiben. Diese „Geschäftsgrundlage" kann dann im Zweifelsfall zur Auslegung der nachfolgenden Klauseln herangezogen werden.

Unerlässlich ist die genaue Bezeichnung der Vertragsparteien, des Kaufgegenstands und des Kaufpreises. Der Jurist spricht von den „essentialia negiotii", vulgo: „Wer kauft was von wem zu welchem Preis?" Ist dies nicht klar geregelt und kann auch nicht durch Auslegung der Willenserklärungen ermittelt werden, kommt schon kein wirksamer Vertrag zustande. Auch wenn es hier vermeintlich um Banalitäten geht, ist es also von immenser Wichtigkeit, hier die nötige Sorgfalt walten zu lassen.

Kaufvertragsparteien

Oftmals treten als Käufer und Verkäufer nicht jeweils eine natürliche Person, sondern eine Gesellschaft auf. Bei der Nennung der Vertragsparteien und deren Vertreter ist auf eine exakte Bezeichnung zu achten. Dies gilt im Übrigen auch für dritte Beteiligte, wie Garantiegeber oder andere Personen, die im Vertragswerk eine Rolle spielen und Erklärungen abgeben oder etwa Verpflichtungen übernehmen sollen.

Zu nennen sind bei einer juristischen Person oder Personengesellschaft also die Geschäftsführer oder Vorstände bzw. die vertretungsberechtigten Gesellschafter. Auch die genaue Anschrift wird aufgeführt. Abgesichert werden diese Angaben in der Regel durch Einholung von Registerauszügen.

Besondere Vorsicht ist bei ausländischen Unternehmen geboten. Auch hier ist genau zu prüfen, ob die ausländische Gesellschaft als rechtsfähig angesehen werden kann und welche Vertretungsregelung besteht.

Auf der Käuferseite tritt als formaler Erwerber bisweilen nicht der Interessent selbst, sondern eine eigens zum Zweck des Erwerbs gegründete sog. Erwerbsgesellschaft (Special Purpose Vehicle, SPV) auf. Hintergrund sind regelmäßig steuerliche, aber auch haftungsrechtliche Gründe. Meist handelt es sich dabei um eine GmbH, die nur mit dem gesetzlich vorgeschriebenen Mindestkapital ausgestattet wird und finanziell gar nicht in der Lage wäre, den Kaufpreis aus eigenen Mitteln aufzubringen. Der Verkäufer könnte seinen Zahlungsanspruch – sofern dieser nicht freiwillig erfüllt wird – nicht im Wege eines Zwangsvollstreckungsverfahrens gegen die SPV durchsetzen: sein Anspruch wäre wirtschaftlich wertlos. Deshalb ist es wichtig, auch den eigentlichen Interessenten „mit ins Boot" zu holen, was entweder durch eine Haftungsübernahme oder durch die Übernahme einer eigenen Käuferrolle geschehen kann (zur Kaufpreissicherung vgl. Abschnitt „Kaufpreisregelung").

Als Verkäufer wird in der Regel der Eigentümer selbst auftreten. Allerdings kann es insbesondere bei einer Konzernstruktur sinnvoll sein, auch z. B. die Muttergesellschaft als Partei mit aufzunehmen, wenn zweifelhaft ist, ob der formale Veräußerer alle wirtschaftlichen Verpflichtungen, z.B. Haftungsübernahmen, selbst erfüllen kann oder Wettbewerb durch eine andere Konzerngesellschaft droht.

Kaufgegenstand

Der Kaufgegenstand ist je nach Art des Kaufes ein Anteil an einer Gesellschaft (Share Deal) oder das Unternehmen in Form seiner Vermögensgegenstände (Asset Deal, vgl. Kapitel 3).

Share Deal

Der Anteilskauf ist ein Rechtskauf.

Der Anteil eines Gesellschafters an einer Personengesellschaft kann nicht aufgespalten werden. Erwirbt ein Personengesellschafter einen weiteren Anteil an der Personengesellschaft von einem anderen Gesellschafter, „verschmelzen" also beide Anteile zu einem „Gesamt"-Anteil.

Geregelt werden muss beim Erwerb eines Anteils an einer Personengesellschaft, ob auch Rechte aus sonstigen Mitgliedsrechten, z. B. Guthaben auf Gesellschafterkonten, miterworben werden oder beim Veräußerer verbleiben sollen. Ohne gesonderte Regelung gehen alle Mitgliedsrechte und -pflichten auf den Erwerber über. Wenn der Verkäufer z. B. wirtschaftlich noch ein negatives Konto ausgleichen soll, kann dies in Form einer Kaufpreisminderung berücksichtigt werden oder als Verpflichtung zum direkten Ausgleich des Kontos vor der Übergabe aufgenommen werden.

Wichtig: Sonderbetriebsvermögen eines Gesellschafters, also solche Gegenstände oder Rechte, die einer Personengesellschaft vom Veräußerer außerhalb seiner gesellschaftsrechtlichen Beziehung überlassen wurden (z. B. ein Grundstück in Form eines Mietvertrags), gehen durch den Share Deal nicht auf den Veräußerer über. Es muss ggf. ein separater Vertrag hierüber geschlossen werden.

Gutgläubiger Erwerb von GmbH-Anteilen

Bei einem GmbH-Anteil ist von Gesetzes wegen auch der Erwerb eines Anteils vom Nichtberechtigten möglich, wenn der Erwerber in gutem Glauben an die Inhaberschaft seines Vertragspartners gehandelt hat (§ 16 Abs. 3 GmbHG). Ein gutgläubiger Erwerb von nicht existierenden Anteilen ist hingegen nicht möglich. Denn die Anteile können nicht beliebig vermehrt werden, was sonst durch einen gutgläubigen Erwerb der Fall wäre, denn schließlich gehen die anderen Anteile nicht dadurch unter.

Der Erwerber darf beim gutgläubigen Erwerb weder positiv von der Nichtberechtigung gewusst haben noch darf seine Unkenntnis auf grober Fahrlässigkeit beruhen. Bezugspunkt ist der Inhalt der Gesellschafterliste. Der Erwerber darf darauf vertrauen, dass derjenige, der dort als Gesellschafter eingetragen ist, auch tatsächlich Inhaber des Anteils ist. Konsequenterweise kann kein guter Glaube bestehen, wenn in der Liste ein entsprechender Widerspruch von demjenigen, der behauptet, der wahre Berechtigte zu sein, eingetragen ist.

Maßgeblicher Zeitpunkt für den guten Glauben ist prinzipiell die Vollendung des Rechtserwerbs. Bei noch ausstehenden Genehmigungen oder einer aufschiebenden Bedingung ist umstritten, ob spätere Bösgläubigkeit, die erst nach der Abtretung, aber vor dem Bedingungseintritt entsteht, einen gutgläubigen Erwerb verhindert. Teils wird danach differenziert, ob die Parteien Einfluss auf den Eintritt der Bedingung haben[24]. Wenn dies der Fall ist, soll der gute Glaube fehlen und ein Erwerb vom Nichtberechtigten entsprechend ausgeschlossen sein.

Der gutgläubige Erwerb vom Nichtberechtigten ist auch dann nicht möglich, wenn die Gesellschafterliste zum Zeitpunkt des Erwerbs hinsichtlich des Geschäftsanteils weniger als drei Jahre unrichtig ist und die Unrichtigkeit dem wahren Berechtigten nicht zuzurechnen ist. Der wahre Berechtigte wird dann geschützt. Ist die Unrichtigkeit ihm hingegen zuzurechnen, weil er sich beispielsweise nach einem Anteilserwerb nicht um die Berichtigung der Liste gekümmert hat, kommt es auf die Dreijahresfrist nicht an. Ein gutgläubiger Erwerb ist dann unabhängig von der Dreijahresfrist möglich.

8 Ob auch die Höhe des eingetragenen Anteils am guten Glauben teilnimmt, ist umstritten:

Beispiel:

Der Veräußerer besitzt tatsächlich einen Anteil von 10.000 Euro. In der Gesellschafterliste ist er irrtümlich mit einem Anteil von 15.000 Euro eingetragen.

Hier stellt sich die Frage, ob der Erwerber nur einen Anteil von 10.000 Euro erwirbt oder einen solchen von 15.000 Euro, wenn er auf die Gesellschafterliste vertraut hat. Es handelt sich um

24 Vgl. Baumbach/Hueck-*Fastrich*, § 16 GmbHG Rz. 38, m. w. N.

einen „nicht-so-bestehenden" Anteil. Höchstrichterlich ist diese Frage noch nicht geklärt.

Problematisch dürften vor allem diejenigen Fälle sein, bei denen in der Gesamtschau der Anteile diese das Stammkapital der GmbH übersteigen, denn dann handelt es sich bei dem überschießenden Wert letztlich nicht um einen Anteil, der an sich einem anderen Gesellschafter zugeordnet ist (und somit einen Fall des gutgläubigen Erwerbs vom Nichtberechtigten), sondern um den Erwerb eines nicht-existenten Anteils, und Letzteres ist nicht möglich.

Denn von § 16 Abs. 3 GmbHG ist nur der gute Glaube an die Verfügungsbefugnis geschützt, nicht der gute Glaube an die Existenz eines Anteils[25]. Ohnehin ist in derartigen Fällen die Divergenz zwischen Stammkapital und Summe aller Geschäftsanteile offenkundig.

Ein gutgläubiger lastenfreier Erwerb ist ebenso wenig möglich. Hat der Veräußerer beispielsweise seinen Anteil verpfändet oder ein Nießbrauchrecht am Gewinn einem Dritten eingeräumt, so kann auch der gutgläubige Erwerber, der von der Belastung nichts weiß, nur einen entsprechend belasteten Anteil erwerben.

Allerdings: das Nießbrauchrecht selbst kann durchaus gutgläubig erworben werden, wenn es aus der Gesellschafterliste hervorgeht (§ 16 Abs. 3 GmbHG).

Fazit:

Die Einholung einer aktuellen Gesellschafterliste ist somit zwingend. Allerdings schützt auch diese nicht vollumfänglich vor unliebsamen Überraschungen. Zwar sind Geschäftsführer und Notare verpflichtet, nach jedem Gesellschafterwechsel eine berichtigte Gesellschafterliste einzureichen (§ 40 Abs. 1 bzw. 2 GmbHG), dennoch kann es zu Unrichtigkeiten kommen. Dies nicht nur, weil sich Fehler bei der Übertragung einschleichen, sondern beispielsweise auch bei Auslandsbeurkundungen, weil der ausländische Notar die Einreichung unterlässt. Der Käufer kann verbliebene Risiken jedoch mit einer Garantieklausel (vgl. dazu Kapitel 8 Ziffer 10 Abschnitt „Garantievereinbarungen") minimieren. Dies stellt mittlerweile eine „Standard"-Klausel dar.

8

25 So auch Baumbach/Hueck-*Fastrich*, § 16 GmbHG Rz. 28; *Wicke*, § 16 Rz. 15.

Vinkulierung

Unter Vinkulierung versteht man einen Zustimmungsvorbehalt betreffend die Übertragung von Gesellschaftsanteilen.

Sinn einer Vinkulierung ist der Schutz der Gesellschaft vor dem Eindringen unliebsamer neuer Anteilseigner gegen den Wunsch der übrigen Gesellschafter. Zugleich sollen damit die Anteilsverhältnisse möglichst stabil gehalten werden.

Bei GmbH und Aktiengesellschaft ist von Gesetzes wegen an sich die freie Übertragbarkeit von Anteilen vorgesehen. Allerdings ist es nach § 15 Abs. 5 GmbH möglich, die Abtretung von GmbH-Anteilen in der Satzung von der Zustimmung der Gesellschaft abhängig zu machen. Die Übertragung von Namensaktien kann ebenfalls an die Zustimmung der Gesellschaft gebunden werden (§ 68 Abs. 2 Satz 1 AktG).

Bei Personengesellschaften ist von der gesetzlichen Konstruktion her umgekehrt prinzipiell die Zustimmung von allen Gesellschaftern bei einer Übertragung von Anteilen erforderlich. Im Gesellschaftsvertrag sind die näheren Modalitäten hierfür oftmals schon geregelt.

Ohne die erforderlichen Zustimmungen kann ein Anteil dann nicht übertragen werden. Der Käufer könnte – wenn die Zustimmung nicht erteilt wird – vom Vertrag zurücktreten und Schadensersatz verlangen. Um dies zu vermeiden, wird schon im Kaufvertrag vereinbart, dass dieser selbst unter dem Vorbehalt der Zustimmungserteilung steht.

Wenn die Zustimmung nicht erteilt wird, könnte man eine bloße treuhänderische Übertragung mit einem Stimmbindungsvertrag in Betracht ziehen, bei der der Veräußerer die formale Rechtsposition behält. Allerdings setzt sich diese Gestaltungsvariante dem Vorwurf der Umgehung und damit Unwirksamkeit aus (§ 117 Abs. 2 BGB). Denkbar wäre als Alternative noch die Einräumung einer Unterbeteiligung, womit der Käufer zumindest eine wirtschaftliche Beteiligung erwerben kann.

Es wäre für den konkreten Einzelfall zu überlegen, ob durch eine solche Gestaltung den Interessen der Parteien tatsächlich Rechnung getragen werden kann.

Stichtag für Gewinn und Verlust

Stichtag für die Verteilung von Gewinnen und Verlusten ist an sich der Tag der Übertragung. Allerdings kann auch ein rückwirkender Stichtag gewählt werden. In diesem Fall ist auf die steuerlichen Auswirkungen zu achten, denn bei einer längerfristigen Rückwirkung kann das Finanzamt den Gewinnanteil als Kaufpreiselement einordnen mit der Folge, dass sich der zu versteuernde Veräußerungsgewinn erhöht.

Zur Ermittlung von Gewinn und Verlust kann zum Übertragungsstichtag ein Zwischenabschluss erstellt werden. Wer diesen kostenmäßigen Aufwand scheut, kann auch eine Schätzung zwecks der Verteilung im Innenverhältnis zwischen Käufer und Verkäufer vereinbaren.

Ein etwaiger Verlust kann jedoch auch schon bei der Kaufpreisermittlung berücksichtigt werden. Der Erwerber trägt dann zwar einen etwaigen Verlust, er hat aber dafür einen niedrigeren Kaufpreis bezahlt.

Asset Deal

Bei einem Asset Deal wird nicht das „Unternehmen" als solches übertragen, sondern die einzelnen Vermögensgegenstände des Unternehmens werden veräußert. Somit muss genau festgelegt werden, was alles genau verkauft wird. Dies ist besonders wichtig, wenn nur bestimmte Teile des Unternehmens veräußert werden sollen.

Im Kaufvertrag muss der Kaufgegenstand also möglichst präzise beschrieben werden. Anzugeben ist bei einem im Handelsregister eingetragenen Unternehmen das Registergericht, die Handelsregisternummer, unter der die Gesellschaft eingetragen ist, und der Sitz der Gesellschaft. Hinsichtlich der einzelnen Vermögensgegenstände kann z. B. auf die Bilanz verwiesen werden.

Bezüglich Sonderbetriebsvermögen[26] ist vorab zu klären, wie die Zuordnung künftig aussehen soll und ob evtl. eine ergänzende Übernahme oder eine andere vertragliche Vereinbarung mit dem bisherigen Inhaber sinnvoll ist.

---

[26] Also Gegenstände oder Rechte, die einer Personengesellschaft vom früheren Gesellschafter außerhalb der gesellschaftsrechtlichen Beziehung überlassen wurden (z. B. ein Grundstück in Form eines Mietvertrags).

Bei einem Asset Deals können also auch bestimmte Unternehmenswerte ausgenommen werden, was von Vorteil sein kann, wenn diese nicht werthaltig sind. Es entsteht außerdem Abschreibungspotential, das steuermindernd genutzt werden kann. Auch Haftungsrisiken können so gemindert werden, da der Erwerber nicht automatisch in alle Rechte und Pflichten des Veräußerers eintritt. Interessant ist der Asset Deal deshalb insbesondere bei Unternehmenskäufen in der Krise oder aus der Insolvenz heraus.

Umgekehrt übernimmt der Käufer beim Asset Deal aber auch nicht ohne Weiteres alle Kunden- und Lieferantenbeziehungen. Diese können nicht gezwungen werden, mit dem Erwerber eine Geschäftsbeziehung einzugehen. Sind bestimmte Vertragsbeziehungen für den Erwerber essentiell, sollte er die erfolgreiche Überleitung vertraglich regeln, etwa die Kaufpreishöhe davon abhängig machen.

Grundstücke

Um das Grundstück exakt zu bestimmen, sind die grundbuchrelevanten Angaben aufzunehmen (Grundbuch, Gemarkung, Grundbuch-Nummer, Flurnummer). Kaufverträge über Grundstücke sind notariell zu beurkunden (§ 311b Abs. 1 BGB). Dasselbe gilt für die Auflassung, also die eigentliche Eigentumsübertragung (§ 925 Abs. 1 Satz 1 BGB). Nach ganz h. M. kommen hierfür nur deutsche Notare in Betracht, denn der Notar soll auch die grundbuchmäßige Abwicklung übernehmen und die deutschen Grundbuchämter vollziehen keine ausländischen Auflassungen.

Oft wird es sinnvoll sein, den notariellen Vertrag über das Grundstück gesondert von den übrigen kaufrechtlichen Regelungen beurkunden zu lassen, etwa um einer vorkaufsberechtigten Gemeinde keinen Einblick in das gesamte Vertragswerk gewähren zu müssen. Allerdings ist auf eine enge Abstimmung mit dem übrigen Unternehmenskaufvertrag zu achten.

Beispiel:

Es sollte der Grundstücksvertrag ggf. unter eine auflösende Bedingung gestellt werden dahingehend, dass der übrige Unternehmenskaufvertrag tatsächlich zustande kommt und vollzogen wird. In diesem Fall wäre zu beachten, dass auch der übrige Teil erst dann wirksam wird, wenn auch der Grundstückskaufvertrag vollzogen wird, denn beide Verträge stellen eine rechtliche Einheit dar (§ 311b Abs. 1 Satz 2 BGB).

Mit zum Grundstück gehören Gebäude, die mit dem Grund und Boden fest verbunden sind. Es handelt sich um sog. wesentliche Bestandteile (§ 94 BGB). Sie werden durch den Kauf des Grundstücks automatisch miterworben. Sind sie jedoch nur zu einem vorübergehenden Zweck mit dem Grundstück verbunden, sind es keine Bestandteile in diesem Sinne (§ 95 BGB). Über solche Einrichtungen müsste also eine gesonderte Regelung getroffen werden, wenn sie mitverkauft werden sollen.

Dasselbe gilt für sog. Zubehör (§ 97 BGB). Hierunter versteht man bewegliche Sachen, die dem wirtschaftlichen Zweck einer Hauptsache, z. B. einem Grundstück, zu dienen bestimmt sind und in einer räumlichen Beziehung dazu stehen. Beispiel wären die Maschinen auf einem Betriebsgrundstück oder sogar Leitungen auf einem Nachbargrundstück. Hierüber müssen die Parteien ebenfalls eine Regelung treffen, um Rechtsunsicherheit zu vermeiden. Wenn keine Vereinbarung vorliegt, kann nur „im Zweifel" angenommen werden, dass sich die Veräußerung auch auf das Zubehör erstrecken soll (§ 926 Abs. 1 Satz 2 BGB).

Wichtig sind auch etwaige Vereinbarungen mit Grundstücksnachbarn.

Beispiel:

Ein z. B. nur schuldrechtlich, aber nicht ins Grundbuch eingetragenes Wegerecht geht nicht automatisch mit dem Kauf des Grundstücks auf den Käufer über. Er muss es selbst neu aushandeln. Dies ist nur dann nicht erforderlich, wenn es ins Grundbuch eingetragen ist.

8

Bewegliche Sachen

Auch bei beweglichen Sachen müssen die Kaufgegenstände genau bestimmt werden, sonst ist keine Rechtsübertragung möglich: sie würde schon am Bestimmtheitsgrundsatz scheitern. Eine hinreichend bestimmte Bezeichnung kann z. B. durch ein Verzeichnis[27]

[27] Die Bezugnahme auf ein solches Verzeichnis genügt, BGH, Urt. v. 17.7.2008 – IX ZR 96/06.

oder eine Bezugnahme auf alle Gegenstände in einem bestimmten Raum zu einem bestimmten Zeitpunkt sichergestellt werden. Wird ein zur Bilanz gehörendes Inventarverzeichnis gewählt, ist zu bedenken, dass dort evtl. bestimmte Güter, z. B. geringwertige Wirtschaftsgüter, gar nicht erwähnt sind. Ob dies dem Parteiwillen entspricht, wäre abzuklären.

Sollen nur bestimmte Mengen von einer Sache übernommen werden, so muss eine Regelung zur Aussonderung getroffen werden, so dass die genaue Konkretisierung des zu übertragenden Vermögens gewährleistet ist. Eine bloße Mengenbezeichnung reicht nicht aus.

Befinden sich bei den Gütern auch Gegenstände, die dem Verkäufer nicht gehören, müssen diese ebenfalls zunächst ausgesondert werden.

Mitübertragen werden können jedoch Anwartschaftsrechte an Waren, die der Veräußerer vom Eigentümer, z. B. unter Eigentumsvorbehalt, erworben hat, wenn dies im Kaufvertrag entsprechend klar gestellt wird.

Forderungen

Bei Forderungen, die übertragen werden sollen, genügt es, dass diese „bestimmbar" sind. Es können dann auch ganze Forderungsgruppen übertragen werden, die jedoch wiederum hinreichend konkretisiert sein müssen. Nicht ausreichend wäre z. B. die Nennung eines Höchstbetrags bei der Übertragung mehrerer Forderungen, da dann nicht klar ist, welche Forderung nun genau umfasst sein soll und welche nicht.

Sind die Forderungen mit Rechten Dritter belastet oder zur Sicherheit abgetreten, können die Rechte des Forderungsinhabers aus der Sicherungsvereinbarung gegen den Dritten an den Käufer abgetreten werden. Ein lastenfreier Erwerb ist jedoch nur möglich, wenn der Verkäufer die Aufhebung der Belastung erwirkt.

Erwirbt der Käufer vom Veräußerer ein kaufmännisches Handelsgeschäft zur Firmenfortführung, so gelten schon kraft Gesetzes alle im Betrieb des Handelsgeschäfts des Veräußerers begründeten Forderungen gegenüber den Schuldnern als auf den Käufer übergegangen (§ 25 Abs. 1 Satz. 2 HGB).

Vertragsverhältnisse

Anders als bei der Abtretung von Forderungen bedarf es zur Überleitung eines Vertragsverhältnisses prinzipiell der Zustimmung des jeweiligen Vertragspartners. Denn diesem soll nicht ohne weiteres ein anderer Vertragspartner, den er sich nicht selbst ausgesucht hat, aufgedrängt werden.

Je nach Art der zu erwerbenden Rechte (Lizenzen, Patente, Marken, Mietverträge, Leasingverträge etc.) sind die jeweils einschlägigen Bestimmungen zu beachten. Soweit gewollt, können die Parteien des Unternehmenskaufs Regelungen zur Überleitung vereinbaren, etwa dass der Veräußerer den Vertragspartner unterstützt, indem er seine Kunden und/oder Lieferanten anschreibt und den Erwerber vorstellt. Sollte eine Überleitung nicht erfolgen können, kann dies beispielsweise durch Abschläge beim Kaufpreis berücksichtigt werden. Auch eine temporäre Weiterführung des Vertragsverhältnisses durch den Verkäufer „nach außen hin" ist eine oftmals gewählte Hilfskonstruktion.

Öffentlich-rechtliche Erfordernisse

Um etwaige öffentlich-rechtliche Genehmigungen und Erlaubnisse muss sich der Erwerber selbst kümmern, wenn diese personenbezogen sind.

Kaufpreisregelung

Der Kaufpreis ist natürlich Verhandlungssache. In der Praxis gibt es verschiedene Methoden zur Unternehmensbewertung, die zumindest als Grundlage für weitere Verhandlungen herangezogen werden können.

Unternehmensbewertung

Das Institut der Wirtschaftsprüfer in Deutschland (IDW) hat Grundsätze zur Durchführung von Unternehmensbewertungen erarbeitet, die in den IDW Standards niedergelegt sind. Aktuell kommen die IDW Standards in der Fassung von 2008 zum Einsatz, die regelmäßig dem Stand der Kenntnisse und Erfahrung angepasst werden.

Durchgeführt wird die Unternehmensbewertung von entsprechenden Fachleuten, z. B. Wirtschaftsprüfern.

In Betracht kommen beispielsweise das in der Praxis gängige Ertragswertverfahren, das Discounted Cash-Flow-Verfahren oder die Substanzwertmethode.

Beim Ertragswertverfahren wird der Wert des Unternehmens anhand der künftig zu erwartenden Überschüsse abzüglich einer Abzinsung ermittelt. Ausgangspunkt der Prognose ist eine Vergangenheitsanalyse, in der Regel der Zeitraum der letzten fünf Jahre. Außerordentliche Gewinne oder Verluste werden herausgerechnet. Sodann ist noch die künftige Unternehmensentwicklung zu berücksichtigen, was naturgemäß mit subjektiven Einschätzungen und Erwartungen verbunden ist und objektiv nur schwer nachprüfbar ist.

Das Discounted-Cash-Flow-System (DCF-Methode) stellt auf zu erwartende Einnahmeüberschüsse ab. Dies erfordert eine rechnerische Trennung von Eigenkapital- und Fremdkapital, um die entsprechenden Kosten berücksichtigen zu können. Die dafür benötigten Daten stehen in kleineren und mittleren Unternehmen oft nicht zur Verfügung, so dass diese Methode eher bei größeren, börsennotierten Unternehmen zum Einsatz kommt.

Beim Substanzwertverfahren werden hingegen die einzelnen Wirtschaftsgüter, die dem Unternehmen gehören, bewertet. Wird das Unternehmen fortgeführt, ergibt sich aus deren Summe der Substanzwert, bei einer Liquidation der Liquidationswert. Der reine Substanzwert wird in den meisten Fällen keine aussagekräftige Bewertung darstellen, schon deshalb, weil immaterielle Wirtschaftsgüter nicht ausreichend berücksichtigt werden. Das Substanzwertverfahren gilt deshalb jedenfalls als alleiniger Maßstab für die Unternehmensbewertung als ungeeignet. Dennoch kann in bestimmten Branchen (z. B. der Landwirtschaft) diesem Verfahren noch eine wichtige Bedeutung zukommen.

Denkbar sind auch kombinierte Modelle, die sowohl den Ertrags- bzw. Cash-flow als auch den Substanzwert berücksichtigen.

Die Auswahl des Verfahrens und die individuelle Ausgestaltung der Bewertung lässt also einen großen Spielraum bei der Bewertung zu.

Allgemein werden jedoch folgende Faktoren den Kaufpreis stets maßgeblich beeinflussen:

- Welche Chancen und Risiken haben sich bei der Due-Diligence-Prüfung gezeigt?

- Welche Gewinnchancen können auf dem konkreten Markt- und Branchenumfeld erwartet werden?
- Wie sind die steuerlichen Gegebenheiten?
- Welche Nebenkosten (Beraterhonorare, Notarkosten, Grunderwerbssteuer) fallen an und wie werden diese verteilt?
- Steht eine der Parteien unter zeitlichem Druck (z. B. der Verkäufer aus finanziellen oder Altersgründen)?

Schließlich hängt der Kaufpreis nicht nur von der betriebswirtschaftlich ermittelten Unternehmensbewertung ab, sondern auch von den Erwartungen und Argumenten, die die Parteien in die Verhandlung mitbringen. Nicht zuletzt hängt der Kaufpreis auch von ihrer Verhandlungstaktik ab.

Praxis-Tipp:

Etwaige Unsicherheiten bei Abschluss des Vertrages (z. B. Überleitung von Vertragsbeziehungen, Realisierung von Gewinnchancen) können beim Kaufpreis „eingepreist" werden, indem ein variabler Kaufpreis und eine Formel zur Berechnung des konkreten Preises unter Berücksichtigung der maßgeblichen Faktoren festgelegt wird (sog. Earn-out-Klausel).

Kaufpreissicherung

Muss der Käufer den Kaufpreis finanzieren, wird sich der Verkäufer die Finanzierungszusage einer Bank vorlegen lassen. Eine solche Finanzierungszusage steht häufig unter dem Vorbehalt, dass sich die wirtschaftlichen Verhältnisse der Parteien nicht wesentlich verschlechtern.

Kann der Kaufpreis nicht sofort bezahlt werden, wird sich der Verkäufer eine Sicherheit einräumen lassen, sei es durch eine Hypothek, Grundschuld oder beispielsweise eine Bankbürgschaft.

Umgekehrt hat auch der Käufer ein Interesse an Absicherung und kann sich deshalb z. B. potentielle Gewährleistungsansprüche ebenfalls entsprechend absichern lassen. In Betracht kommen auch hier die genannten Sicherungsmittel, aber auch eine Ratenzahlungsvereinbarung.

Beispiel:

Es könnte vereinbart werden, dass der Kaufpreis zunächst voll auf ein Notaranderkonto fließt, der Notar jedoch angewiesen wird, einen bestimmten Teil erst nach Ablauf der Gewährleistungsfrist auszuzahlen, wenn der Käufer bescheinigt, dass keine Mängel aufgetreten sind.

Bei einer längerfristigen Stundung des Kaufpreises könnte der Verkäufer zur Sicherung der Werthaltigkeit seiner Forderung eine Wertsicherungsklausel ausbedingen.

Bei einem Unternehmenskauf über Ländergrenzen hinweg mit unterschiedlichen Währungen wäre auch an devisenrechtliche Vorgaben und ein Wechselkursrisiko zu denken. Letzteres kann durch eine EURO-Zahlungsvereinbarung vermieden werden.

Lässt sich der Verkäufer darauf nicht ein, so kann evtl. eine Anpassungsklausel bei Wechselkursänderungen vereinbart werden.

Gestaltungsmöglichkeiten

Als Gestaltungsmittel für die Kaufpreisregelung kommen also insbesondere folgende Möglichkeiten in Betracht:

- Stichtagsvereinbarungen
- Vereinbarung von variablen Anteilen
- Ratenzahlung
- Rentenzahlung
- Finanzierung durch ein Verkäuferdarlehen
- Verzinsung
- Abwicklungsmodalitäten bei der Zahlung (z. B. Überweisung auf ein Notaranderkonto mit der Vereinbarung bestimmter Auszahlungsbedingungen)
- Sicherungsklauseln
- Verjährungsregeln

Welche Regelungen im konkreten Fall und in welcher Form interessengerecht sind, insbesondere auch die jeweilige steuerliche Implikation, muss für jeden Unternehmenskauf individuell beurteilt werden.

6. Management Letter

Bei nicht inhabergeführten Firmen kennt das Management das zu verkaufende Unternehmen in all seinen Facetten oftmals besser als der oder die Gesellschafter selbst. Der Kaufinteressent hat selbstverständlich ein essentielles Interesse am Erhalt umfassender und korrekter Informationen über das Unternehmen. Im Rahmen der Due Diligence kann er sich einen Überblick über die für ihn wichtigen Punkte verschaffen. Allerdings ist er darauf angewiesen, dass die ihm zur Verfügung gestellten Informationen vollständig und sachlich richtig sind. Da dies niemand besser beurteilen kann als das Management der Zielgesellschaft selbst und dieses in der Regel auch mit der Zusammenstellung der Informationen befasst war, liegt es für den Erwerber nahe, nicht nur vom Verkäufer selbst, sondern auch vom Management eine Zusicherung über die Richtigkeit und Vollständigkeit der Informationen zu fordern.

Diese Zusicherung kann in den Kaufvertrag mit aufgenommen werden. Oftmals wird jedoch ein separater sog. Management Letter erteilt.

Der Management Letter ist also eine vertrauensbildende Maßnahme, die dem Erwerber Sicherheit vermitteln soll. Damit verbunden sind jedoch in aller Regel durchaus auch Haftungsrisiken für denjenigen, der die Erklärung abgibt. Denn es handelt sich hier in aller Regel nicht um eine bloße rechtlich unverbindliche Gefälligkeit. Je nach Ausgestaltung kann ein solcher Management Letter als Auskunftsvertrag oder selbstständiges Garantieversprechen zu qualifizieren sein. Jedenfalls nimmt der Erklärende aufgrund seiner besonderen Sachkenntnis regelmäßig eine besondere Vertrauensposition ein, so dass auch eine Haftung aus § 311 Abs. 3 Satz 2 BGB (sog. „Sachwalterhaftung") in Betracht kommt. Immerhin dürfte in den meisten Fällen für den Manager offenkundig sein, dass der Erwerber der Auskunft maßgebliche Bedeutung zumisst und diese für seine Kaufentscheidung essentiell ist.

Die Auskünfte müssen deshalb in jedem Fall richtig, vollständig und gewissenhaft erteilt werden. Andernfalls läge eine schuldhafte Vertragsverletzung vor. Daraus folgt, dass Angaben von nachgeordneten Ebenen nicht ungeprüft weitergegeben werden dürfen. Die betreffenden Mitarbeiter, die dem Geschäftsführer oder Vorstand zuarbeiten, müssen jedenfalls ordnungsgemäß ausgesucht, angeleitet und kontrolliert werden.

Bei einer Aufteilung nach Ressorts stellt sich die Frage, ob eine Gesamtverantwortung der jeweiligen Geschäftsleiter besteht oder auf das jeweilige Ressort beschränkt ist. Vorsorglich sollte im Management Letter darauf hingewiesen werden, dass der Manager jeweils nur für sein Ressort spricht.

Wurde irrtümlich eine von Anfang an falsche Auskunft erteilt, muss sie korrigiert werden, sobald die Unrichtigkeit erkannt wird.

Liegen keine abweichenden Vereinbarungen vor, haftet der Manager in der Regel für Vorsatz und Fahrlässigkeit (§ 276 Abs. 1 Satz 1 BGB). Entsteht durch eine schuldhafte falsche Auskunft ein Schaden beim Erklärungsempfänger, und kann der Erwerber dies nachweisen, so ist der Manager zum Schadensersatz verpflichtet.

Praxis-Tipp:

Schon im Management Letter sollte festgelegt werden, ob und unter welchen Voraussetzungen eine Haftung für die erteilten Angaben übernommen werden soll, da die sonst eingreifenden gesetzlichen Regelungen in vielerlei Hinsicht Konfliktpotential bereithalten. Sinnvoll jedenfalls aus Managersicht wird es auch sein, eine Haftungsbegrenzung aufzunehmen. Dabei kann die Haftung sowohl in der Höhe begrenzt als auch zeitmäßig durch eine Verjährungsregelung verkürzt werden. Auch eine Beschränkung auf Vorsatz und grobe Fahrlässigkeit ist denkbar.

Warum sollte ein Manager, dem das Unternehmen ja nicht selbst gehört, eine solche Erklärung überhaupt abgeben?

Der Manager ist in aller Regel rechtlich nicht verpflichtet, einen Management Letter zu erteilen.

Ausnahmsweise kann eine solche Verpflichtung in besonderen Konzernkonstellationen bestehen, wenn der Manager zwar beim Zielunternehmen tätig, aber nicht dort angestellt ist, sondern bei einem anderen Unternehmen, das wiederum am Zielunternehmen gesellschaftsrechtlich beteiligt ist und dieser Gesellschafter seinen Anteil veräußern möchte.

In manchen Fällen ist das Management auch am Unternehmen gesellschaftsrechtlich beteiligt und in der gesellschaftsrechtlichen Vereinbarung findet sich eine Verpflichtung zur Mitwirkung im

Veräußerungsfall und Abgabe entsprechender Erklärungen, wenn sie gefordert werden.

Aus dem Anstellungsvertrag mit der Zielgesellschaft als solchem ergibt sich jedoch keine entsprechende Verpflichtung des Managements, eine entsprechende Erklärung gegenüber dem Erwerbsinteressenten abzugeben. Aufgabe des Managements ist es vielmehr, die Geschäfte im Rahmen des Unternehmensgegenstandes zu führen. Auskunftspflichten bestehen nur gegenüber den aktuellen Gesellschaftern und sind im GmbH- und Aktienrecht gesetzlich genau geregelt (vgl. § 51a GmbHG, § 131 AktG).

Unabhängig von einer rechtlichen Verpflichtung kann der Manager jedoch ein eigenes wirtschaftliches Interesse an der Abgabe eines Management Letters haben:

Der Manager könnte beispielsweise eigene Anteile an der Zielgesellschaft halten, die durch den Verkauf möglicherweise im Wert steigen. Insbesondere bei einem vorhersehbaren „Exit" des Erwerbers kann dies für den Manager lukrativ sein: Handelt es sich bei dem Erwerber um einen Finanzinvestor, möchte er nach einer gewissen Haltedauer und eventuellen Umstrukturierung das Unternehmen wieder gewinnbringend weiter verkaufen, der „Exit" ist also von vorneherein geplant, so könnte auch der Manager seine Anteile mit verkaufen.

Hält der Manager keine eigenen Anteile an der Zielgesellschaft, wird er zur Abgabe einer haftungsträchtigen Erklärung nur bereit sein, wenn man ihm entsprechende finanzielle Anreize bietet, z. B. eine Sondertantieme, Zusagen zur Weiterbeschäftigung, Beförderung etc.

Allerdings ist hierbei zu berücksichtigen, dass der Geschäftsführer oder Vorstand vertragsmäßig an das Unternehmen gebunden und diesem zu Loyalität verpflichtet ist. Er darf also keine eigenen Interessen oder die des potentiellen Erwerbers verfolgen. Er darf sich ausschließlich vom Geschäftsinteresse des Unternehmens selbst leiten lassen. Bei sachfremdem Einfluss besteht die Gefahr, dass Geschäftsführer oder Vorstand nicht mehr in der Lage sind, ihr Mandat nach dem objektiven Interesse der Gesellschaft auszurichten. Dieses ist im Einzelfall genau von den Handelnden zu prüfen, keinesfalls sollte leichtfertig ein Management Letter erteilt werden. Zu prüfen wäre stets, ob eine Zustimmung der Gesellschafterversammlung erforderlich ist.

Bei öffentlichen Übernahmeangeboten dürfen auch der Bieter und mit ihm gemeinsam handelnde Personen den Vorstands- oder Aufsichtsratsmitgliedern der Zielgesellschaft im Zusammenhang mit dem Angebot keine ungerechtfertigten Geldleistungen oder Vorteile gewähren oder in Aussicht stellen.

In der Praxis haben Management und Erwerber oftmals ein gleichgerichtetes Interesse, nämlich die erfolgreiche Weiterführung des Unternehmens. Wenn der Erwerber das Know-how des bisherigen Managements weiter nutzen möchte, wird ihn dies in aller Regel davon abhalten, allzu scharf formulierte Garantieerklärungen zu fordern. Umgekehrt wird auch das Management in vielen Fällen an einer vertrauensvollen Zusammenarbeit in der Zukunft interessiert sein und sich deshalb nicht von vorneherein die Abgabe jeglicher Erklärungen verweigern.

7. Treuhandvertrag

Wenn ein Unternehmenskaufvertrag abgeschlossen wird, schuldet der Käufer die Zahlung des Kaufpreises. Zugleich verpflichtet sich der Verkäufer oftmals bis dahin noch zur Erledigung diverser Angelegenheiten, die das verkaufte Unternehmen betreffen, z. B. bestimmte Verbindlichkeiten zu bedienen, etwa eine Unternehmensanleihe zu beenden und abzulösen oder Darlehen zurückzuführen. Teils soll dies auch bereits aus Mitteln des Kaufpreises geschehen.

Dem Verkäufer wiederum obliegt für einen gewissen Zeitraum nach der Übergabe oftmals die Gewährleistung dafür, dass das verkaufte Unternehmen frei von Sach- und Rechtsmängeln ist und vereinbarte oder zugesicherte Eigenschaften aufweist, z. B. dass bestimmte Erlöse erzielt werden oder ein Mietvertrag fortgeführt werden kann. Im Gewährleistungsfall können dem Käufer entsprechende Ersatzansprüche zustehen.

Beide – Käufer und Verkäufer – haben ein Interesse daran, dass die jeweils andere Partei ihre finanziellen Verbindlichkeiten rechtzeitig erfüllt, wobei jedoch eine zu frühe Auszahlung an die andere Partei vermieden werden soll, um die korrekte Abwicklung des Kaufvertrags nicht zu gefährden. Mit anderen Worten: die Zahlungsansprüche sollen nicht sofort erfüllt, aber abgesichert werden.

Deshalb wird im Unternehmenskaufvertrag oftmals vereinbart, dass beide Parteien mit einem vertrauenswürdigen Dritten einen sog.

Treuhandvertrag abschließen. Der Abschluss des Treuhandvertrags ist dann in der Regel Bedingung für den Vollzug des Kaufvertrags.

Als Treuhänder kommen insbesondere ein Notar, ein unabhängiger Rechtsanwalt, ein Wirtschaftsprüfer oder Banken in Betracht. Dieser wird von beiden Parteien gemeinsam beauftragt, ein Treuhandkonto für Fremdgeld einzurichten. Sodann wird genau festgelegt, zu welchem Zeitpunkt die jeweilige Partei welche Gelder auf dieses Treuhandkonto zu überweisen hat und unter welchen Bedingungen der Treuhänder eine Auszahlung an die jeweils andere Partei oder ggf. auch an einen Dritten (z. B. an eine Bank oder einen Lieferanten zur Ablösung von Verbindlichkeiten) vornehmen darf. Die Weiterleitung von Geldern wird dabei an die Vorlage bestimmter Nachweise beim Treuhänder geknüpft. Es wird quasi eine Art „Fahrplan" zur Abwicklung aufgestellt, den der Treuhänder nicht nur überwacht, sondern auch aktiv selbst durchführt. Sinnvollerweise wird deshalb juristisch der Unternehmenskaufvertrag in den Treuhandvertrag mit einbezogen (und umgekehrt), um Widersprüche zu vermeiden. Zur ordnungsgemäßen Prüfung und Abwicklung werden entsprechende Informationspflichten und -rechte der Parteien in den Treuhandvertrag mit aufgenommen.

Der Treuhänder haftet für die ordnungsgemäße Durchführung. Sinnvollerweise wird zur Abdeckung des Haftungsrisikos eine entsprechende Haftpflichtversicherung des Treuhänders abgeschlossen, soweit dieser nicht berufsmäßig ohnehin schon über eine ausreichende Pflichtversicherung verfügt. Den Abschluss sollten sich Käufer und Verkäufer auch vertraglich zusichern lassen und überprüfen, denn die Absicherung liegt in deren eigenem Interesse. Schließlich hilft ein zwar juristisch, aber nicht wirtschaftlich durchsetzbarer Haftungsanspruch im Haftungsfall nur wenig. Der Treuhänder wird die Haftung in der Regel auf eine Höchstsumme, meist die Versicherungssumme, begrenzen wollen. Soweit bereits eine Haftpflichtversicherung besteht, ist es regelmäßig möglich, die Versicherungssumme für den konkreten Einzelfall zu erhöhen. Dieses sollte im Einzelfall konkret geprüft werden, um unnötige Risiken auch in dieser Hinsicht zu vermeiden.

Die Treuhandtätigkeit des Dritten muss selbstverständlich vergütet werden. Ob Käufer oder Verkäufer die Kosten hierfür tragen, ist Verhandlungssache. Oftmals werden sie aus den Mitteln des Treuhandkontos beglichen.

Mithilfe eines Treuhandvertrags kann eine sachgerechte Sicherung des Vollzugs gewährleistet werden, die den Interessen beider Parteien Rechnung trägt.

8. Gesellschaftsdarlehen

Etliche kleinere oder auch mittelständische Unternehmen finanzieren sich bei Bedarf nicht nur mithilfe von Bankdarlehen oder Anleihen, sondern auch mittels Darlehen, die von deren Gesellschaftern selbst an die Gesellschaft ausgereicht werden, sog. Gesellschafterdarlehen.

Wird ein Unternehmen(santeil) verkauft, möchte der Veräußerer und bisherige Gesellschafter meist nicht mehr als Darlehensgeber zur Verfügung stehen, denn schließlich kann er auf die Gesellschaft und deren wirtschaftliche Entwicklung dann in aller Regel keinen Einfluss mehr ausüben. Besteht keine Bindung mehr zum Unternehmen, hat er auch meist kein Interesse mehr an dessen Finanzierung. Vielmehr ist er eher an einem möglichst hohen Erlös interessiert. Eine Bindung von Liquidität im verkauften Unternehmen(santeil) widerspricht diesem Interesse.

Die Entlassung des Veräußerers aus dem Darlehensvertrag kann auf verschiedene Weise erfolgen. In Betracht kommt eine Rückzahlung des Darlehens durch die Gesellschaft oder eine Übernahme durch den Erwerber.

Ablösung des Darlehens

Das Darlehen kann – sofern die Gesellschaft liquide Mittel hat – vor oder nach der Veräußerung an den Darlehensgeber zurückgezahlt werden.

Allerdings will der Käufer oftmals vermeiden, dass liquide Mittel der Gesellschaft zu einem von ihm nicht beherrschbaren Zeitpunkt an den Veräußerer fließen. Bei Übernahme des Darlehens durch den Käufer kann die Tilgung flexibel nach den besonderen finanziellen Verhältnissen erfolgen. Deshalb ist oftmals beiden Parteien eher an einer Übernahme des Darlehens durch den Käufer als an einer raschen Tilgung gegenüber dem Veräußerer gelegen.

Beteiligungsmöglichkeiten des Erwerbers an bestehenden Gesellschafterdarlehen

Die Übernahme der Darlehensgeberstellung vom Veräußerer durch den Erwerber kann auf verschiedene Art und Weise geschehen:

Abtretung

Der Verkäufer kann seinen Rückzahlungsanspruch gegen die Gesellschaft an den Erwerber abtreten, §§ 398 ff. BGB. Im Gegenzug erhält er einen höheren Kaufpreis.

Die Abtretung ist grundsätzlich formfrei möglich, wenn gleich aus Dokumentations- und Beweisgründen selbstverständlich stets die Schriftform vorzuziehen ist. Eine Ausnahme besteht bei hypothekarisch gesicherten Darlehen. Nach § 1154 BGB muss in diesem Fall die Abtretung schriftlich unter Übergabe des Hypothekenbriefs erfolgen. Die Hypothek geht dann kraft Gesetzes mit der Forderung über, §§ 401 Abs. 1, 1153 BGB.

Allerdings schreibt § 15 Abs. 4 GmbHG vor, dass die Verpflichtung zur Abtretung von GmbH-Anteilen der notariellen Beurkundung bedarf (vgl. auch Kapitel 8 Ziffer 4). Nach dem sog. Vollständigkeitsgrundsatz erfordert dies auch die Beurkundung aller Nebenabreden, die mit der Abtretung untrennbar verbunden sein sollen, mithin also auch die Vereinbarung, dass ein Gesellschafterdarlehen übernommen werden soll. Unterbleibt die notarielle Beurkundung, kann dieser Formmangel jedoch durch die formwirksame Abtretung des Gesellschaftsanteils, die ihrerseits der notariellen Beurkundung bedarf (§ 15 Abs. 3 GmbHG), geheilt werden (§ 15 Abs. 4 Satz 2 GmbHG). Damit wird auch die Formunwirksamkeit aller Nebenabreden geheilt, sofern zwischen den Parteien zum Zeitpunkt der Beurkundung der Abtretung der Gesellschaftsanteile noch ein übereinstimmender Wille hinsichtlich der Nebenabreden fortbesteht[28]. Wurden diese nicht schriftlich fixiert, verbleibt jedoch im Streitfall für die Partei, die sich darauf beruft, ein Beweisproblem.

Schuldbeitritt bzw. -übernahme

Der Käufer kann gegenüber dem Verkäufer die Verpflichtung zur Rückzahlung neben der Gesellschaft (Schuldbeitritt) oder an deren Stelle (Schuldübernahme) übernehmen.

---

[28] *Schacht* in: Beck'sches Handbuch der GmbH, § 12 Rz. 41 ff.

Diese Konstruktionen werden häufig nicht dem Interesse der Parteien entsprechen. Denn zum einen bleibt der Verkäufer Darlehensgeber, er erhält nur einen zusätzlichen (beim Schuldbeitritt) oder anderen Haftenden (bei der Schuldübernahme), den er neben bzw. anstelle der Gesellschaft auf Erfüllung in Anspruch nehmen kann. Der Käufer wiederum wird das Darlehen in aller Regel nicht aus eigenen zusätzlichen Mitteln bedienen wollen, sondern ausschließlich aus Mitteln der Gesellschaft, was gegen eine Schuldübernahme spricht.

Hat ein Dritter eine Sicherheit bezogen auf die Erfüllung des Darlehens begeben, so würde diese ohne dessen Zustimmung in der Regel bei der Schuldübernahme wegfallen (§ 418 BGB), so dass auch aus diesem Grunde eine Schuldübernahme regelmäßig für den Darlehensgeber unattraktiv wäre.

Vertragsübernahme

In der Regel vereinbaren die Parteien eine Vertragsübernahme durch den neuen Gesellschafter, wobei hierfür auch regelmäßig die Zustimmung der Gesellschaft selbst als Vertragspartner des Darlehensvertrages einzuholen ist. Denn dieser kann grundsätzlich gegen ihren Willen kein anderer Vertragspartner aufgedrängt werden.

Der Käufer rückt, was das Darlehen angeht, an die Stelle des Verkäufers mit allen bestehenden Rechten und Pflichten. Er erhält nicht nur den Anspruch auf Darlehensrückzahlung, sondern wird vollwertiger Darlehensgeber. Er wird Vertragspartner der Gesellschaft. Im Gegenzug erhält der Veräußerer einen höheren Kaufpreis (oder einen separaten „Kaufpreis" bezogen auf das Darlehen).

Risiken für Veräußerer und Erwerber

Sowohl die Rückzahlung des Darlehens an den Veräußerer als auch die Übernahme eines Gesellschafterdarlehens bergen jedoch gewisse Risiken, wenn ein Antrag auf Eröffnung des Insolvenzverfahrens über das Vermögen der Zielgesellschaft innerhalb eines Jahres nach der Befriedigung des Gesellschafters gestellt und sodann auch eröffnet wird.

Gemäß § 135 Abs. 1 Nr. 2 InsO ist eine Rechtshandlung, die für die Forderung eines Gesellschafters auf Rückgewähr eines Darlehens Befriedigung gewährt hat, anfechtbar, wenn diese im letzten Jahr vor dem Eröffnungsantrag oder nach diesem Antrag vorgenommen worden ist. Mit anderen Worten: Der Insolvenzverwalter kann eine Rückzahlung des Darlehens durch die Gesellschaft an den Gesellschafter im genannten Zeitraum anfechten und vom Gesellschafter die Erstattung an die Insolvenzmasse verlangen.

Eine Rückführung des Darlehens vor dem Closing birgt also für den Veräußerer stets das Risiko, letztlich mit seinem Rückzahlungsanspruch doch noch auszufallen. Er ist als Gesellschafter unmittelbar Adressat der Vorschrift des § 135 Abs. 1 Nr. 2 InsO. Zugleich hat er nach dem Closing keinen Einfluss mehr auf die Geschicke der Gesellschaft.

Doch auch eine Rückzahlung nach dem Closing kann für den Veräußerer nach neuerer Rechtsprechung unter Umständen noch insolvenzrechtlich relevant werden:

Der BGH[29] hat im Jahr 2013 entschieden, dass im Fall einer Abtretung der Darlehensrückzahlungsforderung nicht nur der Zessionar[30], sondern auch der Zedent[31] auf Rückgewähr an die Gesellschaft haftet, selbst wenn der Darlehensbetrag an den Zessionar und nicht an den Zedenten geflossen ist. Dies folgert der BGH aus dem eindeutigen Wortlaut der Vorschriften § 135 Abs. 1 Nr. 2 InsO sowie aus § 39 Abs. 1 Nr. 5 InsO, wonach Forderungen auf Rückgewähr eines Gesellschafterdarlehens im Insolvenzverfahren anderen Forderungen gegenüber nachrangig zu behandeln sind. Allein die Tatsache, dass der Zessionar die Forderung übernommen hat, ändere nichts an der Tatsache, dass es sich um eine Forderung aus einem Gesellschafterdarlehen handelt, für welche die besonderen gläubigerschützenden Vorschriften der Insolvenzordnung greifen. Den Zedenten treffe insoweit eine „Finanzierungsfolgenverantwortung". Ansonsten wäre es den Gesellschaftern ein leichtes, die gläubigerschützenden Regelungen im Insolvenzfall zu ihren eigenen Gunsten zu umgehen.

Dem Urteil des BGH lag jedoch eine Abtretung des Rückzahlungsanspruchs außerhalb eines Unternehmenskaufs zugrunde. Der Zedent blieb in dieser Fallkonstellation Gesellschafter des Unternehmens.

Es ist deshalb fraglich, ob diese Rechtsprechung auf einen Unternehmenskauf übertragen werden kann[32]. Schließlich knüpft die besondere insolvenzrechtliche Haftung maßgeblich an die Gesell-

---

29 BGH, Urt. v. 21.02.2013 – IX ZR 32/12.

30 Also derjenige, der die Forderung erworben hat.

31 Also derjenige, der die Forderung abgetreten hat.

32 Vgl. *Lauster*, WM 2013, 2155; *Beisel/Klumpp*, § 9 Rz. 42 m. w. N.

schafterstellung auch zum Zeitpunkt der Rückführung des Darlehens an. Nur den Gesellschafter trifft die vom BGH erwähnte „Finanzierungsfolgenverantwortung". Im Fall des Verkaufs des Unternehmens(anteils) bleibt der Veräußerer aber gerade nicht Gesellschafter, vielmehr gibt er diese Stellung an den Erwerber ab.

Allerdings ist zu dieser Frage noch keine höchstrichterliche Entscheidung ergangen. Die Vertragspraxis muss sich deshalb derzeit auf das Risiko einer Haftung auch des Veräußerers einstellen. Mit folgenden Gestaltungsmöglichkeiten kann dieses Risiko minimiert werden:

Darlehensrückzahlung schon ein Jahr vor dem Closing

Die Gesellschaft könnte das Darlehen noch ein Jahr vor dem Closing an den Veräußerer zurückzahlen. Dann wäre zum Zeitpunkt des Gesellschafterwechsels die einjährige Anfechtungsfrist des § 135 Abs. 1 InsO bereits abgelaufen, eine Haftung bei Anfechtung der Rückzahlung an den Erwerber käme nicht mehr in Betracht. Allerdings dürfte diese Variante in der Praxis nur selten eine Option darstellen, da entweder nicht genügend Vorlaufzeit zur Verfügung steht, es der Gesellschaft an liquiden Mitteln mangelt oder eine Rückzahlung nicht mit Vereinbarungen aus anderen Finanzierungsverträgen mit der Bank vereinbar ist.

Negativverpflichtung durch Gesellschaft und Erwerber

Bisweilen sehen Unternehmenskaufverträge eine Verpflichtung von Gesellschaft und Erwerber vor, binnen eines Jahres nach dem Closing keine Rückzahlungen auf das Darlehen an den Erwerber und auch keine anderweitigen Verfügungen über die Forderung vorzunehmen. Da der BGH[33] nach bisheriger Rechtsprechung die Haftung auf die Jahresfrist nach Übertragung der Forderung bzw. Aufgabe der Gesellschafterstellung begrenzt, erscheint die Negativverpflichtung für die Dauer von einem Jahr ab dem Closing als geeignetes Mittel zur Risikominimierung für den Veräußerer.

Freistellungsverpflichtung

Denkbar erscheint alternativ oder auch ergänzend eine Freistellungsverpflichtung des Erwerbers zugunsten des Veräußerers für

---

[33] BGH, Urt. v. 21.02.2013 – IX ZR 32/12.

alle Haftungsfolgen zulasten des letzteren im Zusammenhang mit einer etwaigen Anfechtung nach § 135 Abs. 1 Nr. 2 InsO.

Eine Freistellungsverpflichtung neben einer Negativverpflichtung hätte für den Veräußerer den Vorteil einer zusätzlichen Absicherung für den Fall, dass die Rechtsprechung die Haftung des Veräußerers durch eine extensive Anwendung der Anfechtungsregel § 139 InsO noch erweitert, beispielsweise bereits die Übertragung der Forderung (quasi als „Befriedigung" des Gesellschafters) und nicht erst die Rückzahlung des Darlehens als haftungsbegründend ansieht[34].

Besicherung

Ergänzend zur Negativ- als auch zur Freistellungsverpflichtung sollte an eine wirtschaftliche Absicherung etwaiger Ansprüche des Veräußerers gegen den Erwerber gedacht werden, beispielsweise durch eine Bürgschaft, eine Einzahlung eines entsprechenden Betrages auf ein Treuhandkonto (vgl. oben Kapitel 8 Ziffer 7) oder eine Garantieerklärung der Muttergesellschaft des Erwerbs, sofern vorhanden.

Einlage in die Kapitalrücklage

Am sichersten erscheint es, das Darlehen in das Kapitalkonto der Gesellschaft zu überführen und dies ebenfalls entsprechend kaufpreiserhöhend zu berücksichtigen. Der Rückzahlungsanspruch erlischt dann. Damit wäre auch etwaigen Risiken, dass die Rechtsprechung die Haftung ehemaliger Gesellschafter im Falle einer insolvenzrechtlichen Anfechtung ausweitet, Rechnung getragen.

Allerdings sind auch steuerliche Konsequenzen zu prüfen: insbesondere dann, wenn die Forderung mangels ausreichenden Vermögens der Gesellschaft ohnehin nicht werthaltig ist, kann beim Zielunternehmen ein Ertrag anzusetzen sein, der entsprechend zu versteuern ist.

Gegen die genannten Gestaltungsmöglichkeiten sprechen bisweilen die Erwartungen der den Unternehmenskauf finanzierenden Banken: Sie gehen teils davon aus, dass der Käufer die Darlehen des Veräußerers übernimmt und dass deren Gegenwert entsprechend in die Finanzierung mit einfließt. Das verkaufte Unternehmen übernimmt dann in Höhe der Darlehensrückzahlungsverpflichtung die Haftung gegenüber der finanzierenden Bank und damit einher-

34 *Habersack*, ZIP 2007, 2145 (2149).

gehend oftmals eine entsprechende Absicherung. Für den Erwerber stellt sich diese Art der Schuldübernahme als eine Rückzahlung des Darlehens dar, was mit der oben erwähnten Negativverpflichtung, auf eine Rückerstattung innerhalb eines Jahres nach dem Closing zu verzichten, in Widerspruch stehen kann.

Fazit:

Letztlich ist anzuraten, eine für den Einzelfall passende Lösung konkret auszuhandeln und zu konzipieren.

9. Sonstige Darlehen

Auch bei anderen Verbindlichkeiten der Gesellschaft stellt sich die Frage, ob diese evtl. vor dem Closing abgelöst werden sollen. Dies betrifft insbesondere partiarische Darlehen, stille Beteiligungen und Anleihen, bei denen die Gesellschaft einen Gewinnanteil an den Vertragspartner als Gegenleistung abgibt. Bisweilen sind mit derartigen Beteiligungen auch gewisse Mitspracherechte der Vertragspartner betreffend die Belange des Unternehmens verbunden. Der Käufer des Unternehmens hat unter Umständen kein Interesse an der Übernahme solcher Verpflichtungen, weil er auf derartige Finanzierungsinstrumente entweder nicht angewiesen ist, eine etwaige Einflussmöglichkeit Dritter nicht gewähren möchte, er den zusätzlichen Verwaltungsaufwand scheut und/oder schlicht seinen Gewinn nicht durch derartige Verträge schmälern möchte.

Insoweit wird zwischen Erwerber und Veräußerer oftmals vereinbart, dass ein Teil des Kaufpreises zur Ablösung der entsprechenden Verpflichtungen verwendet wird. Der Erwerber zahlt den Kaufpreis auf ein Treuhandkonto und der Treuhänder verwendet sodann auftragsgemäß den erforderlichen Anteil für die Rückführung der betroffenen Verbindlichkeiten.

10. Gewährleistung und Garantien

Gesetzliches Gewährleistungsrecht

Das gesetzliche Gewährleistungsrecht für das Kaufrecht ist in den §§ 433 ff. BGB sowie in § 377 HGB geregelt.

Untersuchungs- und Rügepflicht

§ 377 HGB bestimmt beim Handelskauf, dass der Käufer die Ware unverzüglich nach der Ablieferung durch den Verkäufer, soweit dies nach ordnungsmäßigem Geschäftsgange tunlich ist, zu untersuchen und, wenn sich ein Mangel zeigt, dem Verkäufer unverzüglich Anzeige zu machen hat. Unterlässt der Käufer die Anzeige, so gilt die Ware als genehmigt, es sei denn, dass es sich um einen Mangel handelt, der bei der Untersuchung nicht erkennbar war. Zeigt sich später ein solcher Mangel, so muss die Anzeige unverzüglich nach der Entdeckung gemacht werden; anderenfalls gilt die Ware auch in Ansehung dieses Mangels als genehmigt.

Den Käufer trifft hiernach also eine Untersuchungs- und Rügepflicht. Ob diese Vorschrift bei einem Unternehmenskauf Anwendung findet, ist umstritten. Die wohl herrschende Meinung[35] geht davon aus, dass diese Vorschrift nicht auf den Unternehmenskaufvertrag anzuwenden ist, denn dem Käufer kann eine umfassende Untersuchung unmittelbar nach der Übergabe in aller Regel nicht zugemutet werden. Meist hat der Verkäufer auch kein Interesse daran, dass sich der Käufer sofort auf die Suche nach Fehlern macht. Die Parteien werden deshalb meist die Geltung dieser Vorschrift vorsorglich ausschließen.

Doch auch die gesetzlichen Vorschriften der §§ 433 ff. BGB zur Mängelgewährleistung, die für einen Kaufvertrag prinzipiell zur Anwendung kommen, wenn nichts anderes vereinbart ist, können den Interessen der Parteien eines Unternehmenskaufs kaum gerecht werden, da sie nicht auf den Kauf einer derartigen Sachgesamtheit zugeschnitten sind.

Asset Deal

Der Asset Deal stellt einen Kaufvertrag über eine Sachgesamtheit dar. Es gelten die Vorschriften §§ 433 ff. BGB.

---

[35] Ebenroth/Boujong/Joost/Strohn-*Müller*, § 377 Rz. 2, m. w. N.

§ 433 BGB bestimmt, dass der Verkäufer dem Käufer Eigentum an einer Sache zu verschaffen hat, die frei von Sach- und Rechtsmängeln ist. Doch wann liegt bei einem Unternehmenskauf ein Sach- oder Rechtsmangel vor? Nach § 434 BGB ist ein Sachmangel gegeben, wenn die Sache bei Gefahrübergang nicht die vereinbarte Beschaffenheit hat. Ist eine bestimmte Beschaffenheit nicht vereinbart, ist sie frei von Sachmängeln, wenn sie sich für die nach dem Vertrag vorausgesetzte Verwendung eignet, sonst, wenn keine solche vorausgesetzte Verwendung feststellbar ist, wenn sie sich für die gewöhnliche Verwendung eignet und eine Beschaffenheit aufweist, die bei Sachen der gleichen Art üblich ist und die der Käufer nach der Art der Sache erwarten kann.

Die vom Gesetz verwendeten Begriffe zeigen, dass hier im Konfliktfall ein hohes Maß an Rechtsunsicherheit besteht, denn wann kann ein Unternehmen noch als geeignet für die vereinbarte oder übliche Verwendung angesehen werden oder welche Beschaffenheit kann als „üblich" bezeichnet werden?

Zudem stellt sich die Frage, wie sich ein Mangel eines einzelnen Gegenstands – z. B. undichte Fenster eines Betriebsgebäudes – auf die Beschaffenheit des Unternehmens als Ganzes auswirkt.

Auch die vom Gesetz für das Bestehen eines Sachmangels bestimmten Rechtsfolgen sind nicht unbedingt interessengerecht: Dem Käufer steht von Gesetzes wegen zunächst ein Nacherfüllungsanspruch zu, § 439 BGB. Er kann also Beseitigung des Mangels oder Lieferung einer mangelfreien Sache verlangen. Bezüglich einzelner bestimmter Gegenstände mag dies im Einzelfall noch sinnvoll erscheinen, für das Unternehmen als Ganzes in der Regel jedoch nicht. Selbst wenn die Beseitigung des Fehlers möglich wäre – was oftmals gar nicht der Fall sein wird –, wird sich der Käufer nach dem Closing eine Einmischung in die Geschäftsführung durch den Verkäufer zwecks Beseitigung des Mangels eher verbitten.

Auch die der Nacherfüllung nachrangigen gesetzlichen Gewährleistungsrechte – Minderung und Rücktritt – stellen beim Unternehmenskauf in der Regel keine geeigneten Regressfolgen dar: Denn wie soll etwa eine Minderung berechnet werden? Und: Kann ein Rücktritt noch erfolgen, wenn das Unternehmen zwischenzeitlich vom Erwerber erheblich umgestaltet wurde?

Schließlich gibt das gesetzliche Gewährleistungsrecht dem Käufer unter bestimmten Umständen auch einen Schadensersatz- und Aufwendungsersatzanspruch (§ 437 Nr. 3 BGB). Dies setzt jedoch eine schuldhafte Pflichtverletzung des Käufers voraus, d. h. der Käufer muss vorsätzlich oder fahrlässig gehandelt haben (§ 276 BGB), was nicht bei jeder falschen Auskunft der Fall sein muss. Für den Verkäufer ist diese Rechtsfolge dennoch hochproblematisch, da er den Nachweis führen muss, nicht schuldhaft gehandelt zu haben (§ 280 Abs. 1 Satz 2 BGB). Vor allem aber kann der Schaden durchaus den Kaufpreis übersteigen, so dass für den Verkäufer die Gefahr eines Verlustgeschäfts besteht. Insbesondere kann er ggf. für unrentable Investitionen des Käufers in die Haftung genommen werden.

Share Deal

Der Share Deal ist formal ein Rechtskauf, § 453 BGB. Das Gesetz verweist jedoch in § 453 Abs. 1 BGB auf die Vorschriften zum Sachkauf, also die §§ 433 ff. BGB. Allerdings ist umstritten, wann der Käufer eines Gesellschaftsanteils Rechte aus einem Sach- oder Rechtsmangel eines einzelnen Wirtschaftsguts des Unternehmens geltend machen kann. Unstreitig ist dies der Fall, wenn er alle Anteile erworben hat. Ist dies nicht der Fall, ist fraglich, ob ein Sachmangel eines einzelnen Wirtschaftsguts des Unternehmens auch einen Sachmangel des Anteils darstellen kann. Teils wird dies erst bei einer Mehrheitsbeteiligung, teils ab einer Beteiligung von mindestens 60 Prozent oder gar 95 Prozent angenommen[36]. Letztlich nimmt die Rechtsprechung hier eine Einzelfallbetrachtung unter Berücksichtigung aller konkreten Umstände, wie beispielsweise von Sonderrechten einzelner Gesellschafter vor. Welche Rechte von einem Gericht dem Käufer beim Anteilskauf im Gewährleistungsfall zugesprochen werden würden, ist also nur schwer vorhersagbar. Die vorstehenden Ausführungen zeigen, dass die gesetzlichen Vorschriften zur Gewährleistung und zum Schadensausgleich den Bedürfnissen der Parteien eines Unternehmenskaufs nach einem sachgerechten und schnellen Ausgleich im Mangelfall kaum gerecht werden. Hinzu kommt, dass die Rechtsprechung Streitigkeiten im Gewährleistungsfall, wenn gesetzliche Vorschriften eingreifen, stark einzelfallbetont löst, so dass sich allgemeingültige Aussagen, wann der Käufer für welchen Fall und in welcher Höhe haftet, nur schwer treffen lassen.

[36] Übersicht zum Streitstand in *Beisel/Klumpp,* § 16 Rz. 22 ff.

Garantievereinbarungen

Aus diesem Grund vereinbaren die Parteien beim Unternehmenskauf regelmäßig, dass die gesetzlichen Vorschriften, soweit möglich, nicht gelten sollen und etablieren stattdessen ein eigenes Garantiesystem. Um die Garantien wird im Allgemeinen – neben dem Kaufpreis – am heftigsten gerungen, da die (gerade auch: wirtschaftlichen) Folgen im Haftungsfall sehr weitreichend sein können.

Inhalte

Welche Garantien vom Verkäufer übernommen werden, hängt naturgemäß vom jeweiligen Zielunternehmen und den speziellen Gegebenheiten der Branche, aber auch von der jeweiligen Verhandlungsstärke der einen oder anderen Partei ab. Bei der Formulierung macht es beispielsweise einen erheblichen Unterschied, ob der Verkäufer lediglich nach seinem Wissen etwas zusichert, oder ob er etwas vorbehaltlos garantiert.

Beim Share Deal sind die Garantievereinbarungen regelmäßig umfangreicher als beim Asset Deal, weil der Käufer in die Rechtsposition des Veräußerers mit allen Rechten und Pflichten eintritt und nicht nur Unternehmensgegenstände übernimmt. Allerdings werden auch beim Asset Deal oftmals nicht nur dingliche Gegenstände, sondern auch Forderungen und unter Umständen auch Verbindlichkeiten übernommen. Deshalb werden auch beim Asset Deal oftmals Erklärungen zu den Jahresabschlüssen, zur Ertragskraft des Unternehmens und zum Bestehen von Verträgen und Genehmigungen abgegeben. Keine Rolle spielen hingegen Bestand und rechtliche Verhältnisse der Gesellschaft selbst und die des Verkäufers.

Im Folgenden werden die gängigsten Bereiche, zu denen Garantievereinbarungen üblicherweise getroffen werden, kurz im Überblick dargestellt.

- Rechtliche Verhältnisse

  Der Verkäufer garantiert beim Share Deal, dass die zugrunde gelegten rechtlichen Verhältnisse bezogen auf den Verkaufsgegenstand tatsächlich bestehen. Er garantiert also, dass der veräußerte Anteil tatsächlich existiert und ihm gehört. Auch auf evtl. bestehende Rechte Dritter, z. B. Vorkaufsrechte oder Unterbeteiligungen, wird eingegangen und zugesichert, dass keine sonstigen Belastungen bestehen.

Üblicherweise werden beim Share Deal auch Erklärungen über sonstige etwaige Beteiligungsverhältnisse – hält die Zielgesellschaft z. B. selbst weitere Beteiligungen? – sowie über etwaige Insolvenzgründe bzw. -verfahren aufgenommen.

Es werden ein Handelsregisterauszug und ggf. eine Kopie des Gesellschaftsvertrags beigefügt.

- Abschlüsse

  Der Verkäufer garantiert, dass die vorgelegten Jahresabschlüsse und Bilanzen mit der Sorgfalt eines ordentlichen Kaufmanns unter Beachtung der gesetzlichen Vorschriften erstellt wurden und ein zutreffendes Bild über die Vermögens-, Finanz- und Ertragslage des Unternehmens vermitteln. Oftmals wird die Haftung aus Umständen, die bereits in den Abschlüssen in Form von Verbindlichkeiten oder Rückstellungen berücksichtigt sind, ausgeschlossen.

- Führung des Geschäftsbetriebs

  Der Käufer lässt sich oftmals zusichern, dass der Verkäufer bis zum Vertragsabschluss keine Maßnahmen außerhalb des gewöhnlichen Geschäftsbetriebs vorgenommen hat, z. B. Anschaffungen, die ein bestimmtes Volumen übersteigen, Zahlungen oder sonstige Vorteilsgewährungen zugunsten Gesellschafter oder nahestehenden Personen bzw. verbundenen Unternehmen, Beendigung von wesentlichen Verträgen, Übertragung oder Belastung von Vermögensgegenständen, Gewährung von Gehaltserhöhungen etc.

- Künftiger Geschäftsverlauf

  Da zwischen Abschluss des Kaufvertrags und Closing in aller Regel einige Zeit vergehen wird, möchte der Käufer vom Verkäufer eine Zusicherung über den ordnungsgemäßen, erwartbaren Geschäftsverlauf während dieser Zeit, dass also in der Zwischenzeit keine Umstände eintreten werden, die von den in der Due Diligence vorgelegten Unterlagen, aufgrund deren der Kaufvertrag konzipiert wurde, abweichen. Es handelt sich also letztlich um eine Garantie hinsichtlich „künftigen Wohlverhaltens“.

- Eigentum an Vermögensgegenständen

  Hier geht es um die in den Jahresabschlüssen ausgewiesenen Vermögensgegenstände des Anlage- und Umlaufvermögens und die Frage, ob an diesen Rechte Dritte bestehen, z. B. Pfandrechte, Vorkaufsrechte etc.

Der Käufer lässt sich die Verfügungsbefugnis des Veräußerers über diese Gegenstände zusichern.

- Grundbesitz

  Es werden alle im Eigentum stehenden und von der Zielgesellschaft genutzten Grundstücke, Gebäude, Räume einschließlich der zugehörigen Miet- und Pachtverträge aufgeführt sowie Kopien der Mietverträge und Grundbuchauszüge etc. beigefügt. Der Verkäufer erklärt sich über Nutzungsmöglichkeiten der Zielgesellschaft, eventuelle Beschränkungen und Rechte Dritter am Grundbesitz.

  Auch eine Erklärung zur Mängelfreiheit und zum Instandhaltungszustand der Gebäude wird üblicherweise verlangt.

- Umlaufvermögen/Warenbestand

  Die Erklärung zum Warenbestand bezieht sich ebenfalls auf den Zustand (mangelfrei oder nicht, aktuell oder veraltet?)

- Forderungen

  Der Verkäufer erklärt sich darüber, ob ausstehende Forderungen im gewöhnlichen Geschäftsverkehr entstanden sind, und ob nach seinem Wissen Bedenken gegen deren Validität und Beitreibbarkeit bestehen.

- Gewerbliche Schutzrechte / intellectual property

  Es werden alle Patente, Lizenzen, Marken, Gebrauchsmuster, Designs und auch Internet-Domain-Namen aufgeführt, die mitverkauft werden und Erklärungen dazu abgegeben, ob deren Eintragung schon erfolgt ist oder beantragt wurde, ob Eintragungshindernisse bestehen, Einspruchs- oder Löschungsverfahren bestehen etc. Der Käufer lässt sich meist auch zusichern, dass die Zielgesellschaft keine gewerblichen Schutzrechte Dritter verletzt.

- IT

  Auch Erklärungen zum technischen Stand und zur Brauchbarkeit der IT-Anlagen im laufenden Geschäftsbetrieb sind üblich.

- Erforderliche Vermögensgegenstände

  Der Käufer wird, jedenfalls wenn er das Unternehmen weiterführen möchte, eine Zusicherung darüber verlangen, dass die Zielgesellschaft über alle dafür erforderlichen Vermögensgegenstände – materieller wie immaterieller Art – verfügt, die zur Führung des Geschäftsbetriebes erforderlich sind.

  Sollten diese vom Verkäufer, ihm nahestehenden Personen oder mit ihm verbundenen Unternehmen gestellt sein, wird der Käufer meist darauf bestehen, dass dies auch künftig sichergestellt ist.

- Gerichtliche und behördliche Verfahren

  Der Käufer will über alle anhängigen behördlichen und gerichtlichen Verfahren, in die das Zielunternehmen involviert ist, unterrichtet werden. Dasselbe gilt hinsichtlich zwar abgeschlossener, aber noch nicht abgewickelter Verfahren, soweit noch Forderungen gegen die Zielgesellschaft offen sind. Der Verkäufer garantiert, dass er hierüber vollständig informiert hat.

- Genehmigungen und rechtmäßiges Verhalten

  Hier geht es darum, ob die Zielgesellschaft über alle privatrechtlichen und behördlichen Genehmigungen verfügt, die zum Geschäftsbetrieb erforderlich sind und ob sie sich generell rechtskonform verhält, also ob alle einschlägigen Gesetze, Verordnungen, Richtlinien etc. eingehalten werden und die benutzten Anlagen den relevanten Bestimmungen entsprechen. Zu nennen wäre an dieser Stelle beispielsweise auch die Einhaltung der Vorgaben des Produkthaftungsgesetzes und ergänzender Vorschriften, soweit einschlägig.

  Je nach Art des Geschäftsbetriebs kommen an dieser Stelle auch Erklärungen zu Umweltrisiken und Altlasten in Betracht. Auch der frühere Eigentümer kann noch zur Sanierung eines Grundstücks öffentlich-rechtlich herangezogen werden (§ 4 Abs. 6 BBodSchG). Dieser Regelungspunkt ist oftmals sehr streitanfällig, mündet daher in intensive Verhandlungen und regelmäßig sehr detaillierte Regelungen. Eine Regelung, die exakt an die tatsächlichen Verhältnisse angepasst ist, wird in Fällen, wo diese Frage eine Rolle spielt, oft nur nach Einholung eines Sachverständigengutachtens getroffen werden können. Dessen Einholung wird aber oftmals unterlassen, da eine im Rahmen einer

Gutachtenerstellung entdeckte Sanierungsbedürftigkeit vielmals öffentlich-rechtlich zu einer alsbaldigen Beseitigungspflicht führt. Dieses wollen die Parteien regelmäßig aus wirtschaftlichen Gründen vermeiden.

- Beihilfe

  Sollte die Zielgesellschaft öffentlich-rechtliche Beihilfen bezogen haben, wird oftmals eine Erklärung zur zweckbestimmten Verwendung und über etwaige im Raum stehende Rückforderungsansprüche verlangt.

- Personalangelegenheiten

  Der Erwerber erwartet in aller Regel eine Erklärung über die Arbeitsverhältnisse und Personalangelegenheiten, auch zu freien Mitarbeiterverträgen. Dies umfasst Angaben von Geburts- und Eintrittsdatum, Funktion und Jahresgehalt aller Mitarbeiter. Wichtig ist auch, ob und welche Tarifverträge und/oder Betriebsvereinbarungen etc. zur Anwendung kommen, ob eine betriebliche Altersversorgung und/oder ein Bonusprogramm besteht, ob Verträge gekündigt oder befristet wurden und ob Rechtsstreitigkeiten anhängig sind. Hierbei ist es – auch wegen der erforderlichen Berücksichtigung der datenschutzrechtlichen Vorschriften – üblich, mit anonymisierten Listen zu arbeiten. Oftmals lässt sich der Käufer auch zusichern, dass die genannten Jahresgehälter nicht zwischenzeitlich erhöht wurden oder einem Arbeitnehmer eine Erhöhung in Aussicht gestellt wurde.

  Auch Aussagen zur Einhaltung von Arbeitsschutzvorschriften sind üblich.

- Sonstige „wesentliche Verträge"

  Daneben kann eine Erklärung zu sonstigen Verträgen, die den Parteien als wesentlich erscheinen (z. B. Leasing-, Miet-, Kredit-, Vertriebs-, Management-, Lieferanten- und Abnehmerverträge) aufgenommen werden, wobei auch definiert werden muss, was konkret „wesentliche Verträge" sein sollen. Dies wird auf das jeweilige Unternehmen individuell ausgerichtet. Oft wird mit Wertgrenzen gearbeitet.

- Versicherungen

  Der Verkäufer gibt eine Erklärung zum Bestand der Versicherungen ab, ob die Policen bezahlt sind und ob sie ggf. aufgrund der Transaktion beendet werden. In diesem Zusammenhang wären auch Erklärungen zu laufenden Versicherungsfällen aufzuführen, ob diesbezüglich Obliegenheitsverletzungen im Raum stehen etc.

- Steuern und Abgaben

  Sollten sonstige, nicht bereits unter den anderen Punkten aufgeführte Verbindlichkeiten bestehen, wären diese gesondert zu benennen.

- Informationserteilung im Vorfeld

  Der Verkäufer sichert zu, dass die im Rahmen der Due Diligence erteilten Informationen nach bestem Wissen vollständig und richtig erteilt wurden.

  Den Garantieerklärungen werden in aller Regel umfangreiche Anlagen beigefügt, um die Angaben im Vertrag zu präzisieren, aber auch um zu dokumentieren, dass der Veräußerer Gelegenheit zur Kenntnisnahme hatte.

Arten von Garantien

Eine Garantie kann vom Veräußerer uneingeschränkt übernommen werden (sog. harte Garantieerklärung) oder sie kann von subjektiven Voraussetzungen, insbesondere einem vorsätzlichen oder fahrlässigen Verhalten abhängig gemacht werden (sog. weiche Garantieerklärung).

In Unternehmenskaufverträgen finden sich sowohl verschuldensunabhängige Einstandsgarantien als auch die verkäuferfreundlicheren Varianten. Um eine solche handelt es sich auch, wenn eine Erklärung des Verkäufers nur „nach bestem Wissen“ abgegeben wird. Der Verkäufer haftet dann nur, wenn er wider besseres Wissen eine falsche Angabe gemacht hat.

Oft wird dann auch noch geregelt, welches Wissen sich der Verkäufer zurechnen lassen muss. Schließlich kann der Inhaber einer größeren Firma kaum persönlich in allen Details Bescheid wissen. Ohne eine vertragliche Bestimmung erfolgt eine Wissenszurechnung nach § 166 BGB analog. Nach der Rechtsprechung muss sich der „Geschäftsherr“, also der Verkäufer, die Kenntnisse derjenigen Hilfspersonen zurechnen lassen, die zwar nicht unbedingt mit Vertretungsmacht ausgestattet sind, die aber als sein Repräsentant dazu berufen sind, bestimmte Aufgaben im Geschäftsverkehr in eigener Verantwortung zu erledigen und dabei anfallende Informationen zur Kenntnis zu nehmen und weiterzugeben und sie bei dem entsprechenden Rechtsgeschäft – hier also dem Unternehmensverkauf – mitgewirkt haben[37]. Die Rechtsprechung nimmt hier eine stark einzelfallbezogene wertende Betrachtung vor[38].

Die Parteien werden deshalb vorsorglich – um Streit darüber zu vermeiden, wer im konkreten Fall „Wissensvertreter" des Verkäufers war – genau definieren, welche Personen maßgeblich sein sollen. In Betracht kommen insbesondere die obere Managementebene, Bereichsleiter und ggf. auch Berater. Der Verkäufer wiederum sollte sich bei den betroffenen Personen zuvor vergewissern, ob die abgegebenen Erklärungen mit deren Wissenstand auch tatsächlich übereinstimmen.

Rechtsfolgen einer Garantieverletzung

Neben den Garantieerklärungen des Verkäufers regeln die Parteien im Kaufvertrag auch die Rechtsfolgen einer etwaigen Garantieverletzung.

Es wird genau festgelegt, unter welchen Voraussetzungen ein Anspruch auf Schadensersatz, auf Nachbesserung, Kaufpreisanpassung oder ein Recht zum Rücktritt bestehen und wie die Abwicklung bzw. Berechnung konkret erfolgen soll.

Eine Kenntnis vom Mangel des Käufers bzw. eine Offenlegung durch den Verkäufer im Rahmen der Due Diligence soll vereinbarungsgemäß in aller Regel dazu führen, dass keine Haftung des Verkäufers besteht (vgl. auch Kapitel 8 Ziffer 11).

Eine Nachbesserung durch den Verkäufer kann sinnvoll sein, wenn er aufgrund besonderer Sachkunde und langjähriger Erfahrung einen Mangel schnell und kompetent beheben kann. Scheitert diese, so hat der Verkäufer Schadensersatz zu leisten.

Ein Recht zum Rücktritt wird – wenn überhaupt – nur in Ausnahmefällen eingeräumt, etwa wenn eine ganz wesentliche Einwirkung auf den Kaufgegenstand gegeben ist, z. B. Explosion einer Produktionsstätte zwischen Signing und Closing.

---

[37] BGH, Urt. v. 06.05.2008 – XI ZR 56/07.
[38] BGH, Urt. v. 02.02.1996 – V ZR 239/94.

Für den Fall, dass sich bestimmte Risiken verwirklichen sollten – z. B. aus laufenden Prozessen oder behördlichen Verfahren –, vereinbaren die Parteien oftmals einen Freistellungsanspruch des Käufers gegen den Verkäufer. Letzterer ist dann verpflichtet, die den Käufer treffende Verbindlichkeit für diesen zu erfüllen, ihn also freizustellen.

Auch eine Regelung zur Verjährung von Ansprüchen wird in der Regel aufgenommen. Die gesetzlichen Gewährleistungsfristen betragen bei Mängeln in Form eines dinglichen Rechts eines Dritten, aufgrund dessen er Herausgabe verlangen kann (z. B. wegen eines Pfandrechts) 30 Jahre. Bei Mängeln an einem Bauwerk fünf Jahre und im übrigen zwei Jahre (§ 438 Abs. 1 BGB). Bei einem arglistigen Verschweigen des Mangels gilt die regelmäßige Verjährungsfrist (§ 438 Abs. 3 BGB), welche im allgemeinen drei Jahre beträgt (§ 195 BGB), sich bei Schadensersatzansprüchen jedoch auf bis zu 30 Jahre erhöhen kann (§ 199 BGB). Diese langen Fristen bedeuten für den Veräußerer eine sehr lange Phase der Rechtsunsicherheit und er wird deshalb auf eine Verkürzung der Verjährungsfristen drängen. Meist wird eine Verjährungsfrist von einem Jahr ab Vollzug des Kaufvertrages vereinbart, wobei jedoch für bestimmte Ansprüche, wo sich etwaige Risiken eventuell erst sehr spät realisieren können, auch längere Fristen durchaus in Betracht zu ziehen sind.

Etwaige finanzielle Ansprüche des Käufers aus einer Garantieverletzung oder Freistellungsvereinbarung gegen den Verkäufer werden oftmals durch Einzahlung einer Haftungssumme auf ein Treuhandkonto (vgl. dazu Kapitel 8 Ziffer 7) abgesichert. In diesem Fall wird noch geregelt, unter welchen Voraussetzungen der Treuhänder eine Auszahlung an den Erwerber vornehmen darf. Auch eine Sicherheitenstellung in anderer Form – z. B. Bankbürgschaft – kann vereinbart werden.

11. Haftungsbeschränkungen

Der Verkäufer wird sich in aller Regel nicht auf eine schrankenlose Einstandspflicht aus den Garantieerklärungen einlassen. Nicht jede geringfügige Abweichung von den Vorstellungen der Parteien soll einen Regressanspruch, dessen Berechnung und Durchsetzung mit erheblichem Aufwand verbunden sein kann, nach sich ziehen.

Üblicherweise werden deshalb Haftungsbeschränkungen vereinbart. In Betracht kommen folgende Varianten, die auch kombiniert werden können:

Arten von Haftungsbeschränkungen

Bagatellklauseln/Freigrenze

Die Parteien legen fest, dass ein Schaden nur dann ersetzt werden soll, wenn er einen bestimmten festgelegten Wert überschreitet, sog. „Freigrenze". Hiermit soll ein unverhältnismäßiger Aufwand durch die Regulierung verhindert werden.

Übliche Freigrenzen bewegen sich in der Größenordnung von 10.000 – 50.000 Euro, auch abhängig vom Kaufpreis.

Selbstbehalt/Freibetrag

Alternativ, in der Praxis eher seltener, kann auch ein Selbstbehalt des Käufers im Gewährleistungsfall vereinbart werden. Dabei ist darauf zu achten, ob die Überschreitung des Selbstbehalts eine volle Haftung des Veräußerers (dann bloße Freigrenze) oder eine Haftung nur hinsichtlich des den Selbstbehalt (Freibetrag) überschreitenden Betrags auslösen soll.

Caps

Für den Verkäufer vorteilhaft ist die Begrenzung des Haftungsrisikos auf eine Haftungshöchstgrenze. Dabei können sowohl die Gesamthaftung auf eine Maximalsumme als auch alternativ oder kumulativ die Haftung für bestimmte Ansprüche der Höhe nach begrenzt werden. Eine Begrenzung für spezifische Ansprüche wird eher leichter durchzusetzen sein als eine Gesamtbegrenzung, da in ersterem Fall der mögliche Schaden leichter abzuschätzen sein wird.

Caps für grundlegende Garantien, wie z. B. die Anteilsinhaberschaft, werden oft der Höhe nach auf den Kaufpreis beschränkt. Bei sonstigen Garantien findet man häufig das Spektrum von ca. 10 bis 50 Prozent des Kaufpreises.

Verkürzung der Verjährung

Auch die vertragliche Verkürzung der gesetzlichen Verjährungsfristen ist ein Mittel zur (zeitlichen) Haftungsbegrenzung (vgl. oben Kapitel 8 Ziffer 10).

Pflichten des Käufers bei der Geltendmachung

Teils wird verlangt, dass der Käufer den Verkäufer beim Auftreten von Mängeln innerhalb einer bestimmten Frist zu informieren hat. Je nach Ausgestaltung kann eine Verletzung dieser Informationspflicht unterschiedliche Konsequenzen haben. Ohne ausdrückliche Sanktionsvereinbarung wird ein Verstoß jedoch oftmals ohne Konsequenzen bleiben.

Haftungsausschluss für in Bilanzen enthaltene Ansprüche

Oft wird die Haftung für Umstände, die bereits in den Finanzdaten der Firma Berücksichtigung gefunden haben, ausgeschlossen. Denn schließlich sind diese Zahlen Grundlage der Kaufpreisfindung. Die dort genannten Verbindlichkeiten oder Risiken (in Form von Rückstellungen) wurden ja schon beim Kaufpreis berücksichtigt.

Offengelegte Umstände

Der Verkäufer wird keine Haftung für Sachverhalte, die er dem Käufer offenbart hat, übernehmen wollen. Auch insoweit wurden diese ja in aller Regel bereits beim Kaufpreis entsprechend berücksichtigt. Eine Haftung für Umstände, die dem Käufer bekannt waren oder ihm gegenüber offengelegt wurden, wird deshalb in aller Regel ausgeschlossen. Dabei sollte genau dokumentiert werden, worüber der Käufer im Laufe der Due Diligence informiert wurde, z. B. in Form eines beim Notar hinterlegten Datenträgers.

Außerdem muss festgelegt werden, auf wessen Kenntnis bzw. Information genau abzustellen ist. Der Inhaber oder das oberste Leitungsorgan einer Firma, die ein anderes Unternehmen erwerben möchte, wird sich kaum persönlich mit allen Details der Due Diligence vertraut machen, sondern Berater hinzuziehen. Aus Verkäufersicht sollte deshalb dieser Personenkreis in die Klausel miteinbezogen werden.

Gesetzliche Grenzen

Das Gesetz zieht der Vereinbarung von Haftungsbeschränkungen gewisse Grenzen:

Vorsatz

Gemäß § 276 Abs. 3 BGB kann die Haftung für Vorsatz nicht im Vorhinein ausgeschlossen werden. Insoweit wird in Unternehmenskaufverträgen oftmals ein klarstellender Hinweis dergestalt aufgenommen, dass sich die vereinbarten Haftungsbegrenzungen nicht auf vorsätzliches Verhalten beziehen.

Arglistiges Verschweigen

Sofern der Verkäufer einen Mangel arglistig verschwiegen hat, kann er sich ebenfalls nicht auf eine vereinbarte Haftungsbeschränkung oder gar einen kompletten Haftungsausschluss berufen, § 444 BGB. Arglistiges Verhalten liegt vor, wenn der Verkäufer einen Mangel kennt oder ihn mindestens für möglich hält oder mit ihm rechnet und dann billigend in Kauf nimmt, dass der Käufer ihn übersieht und den Vertrag in Kenntnis des Mangels nicht geschlossen hätte[39]. Dabei darf es sich in der Regel nicht um einen nur unbedeutenden Mangel handeln.

Beschaffenheitsgarantie nach § 444 BGB

§ 444 BGB bestimmt außerdem, dass eine Haftungsfreizeichnung des Verkäufers für einen Mangel nicht möglich ist, soweit er eine Beschaffenheitsgarantie für die Sache übernommen hat.

Im Unternehmenskaufvertrag werden – wie oben dargestellt – umfangreiche Garantieerklärungen des Verkäufers abgegeben, wobei deren Rechtsfolgen einschließlich Haftungsbeschränkungen ebenfalls von den Parteien detailliert einvernehmlich geregelt werden.

§ 444 BGB scheint dieser Praxis die Grundlage zu entziehen, wenn darin bestimmt wird, dass die Übernahme einer Beschaffenheitsgarantie die Vereinbarung von Haftungsbeschränkungen verhindert. Allerdings soll § 444 BGB von seiner Intention her ein widersprüchliches Verhalten des Verkäufers sanktionieren. Es soll nicht möglich sein, eine Garantieerklärung über die Beschaffenheit der Kaufsache abzugeben und diese im nächsten Atemzug wieder zurückzunehmen oder einzuschränken.

Wenn die Parteien eines Unternehmenskaufs jedoch ein umfassendes Haftungssystem in Form von Garantievereinbarungen einschließlich Regelungen zur Haftungsbeschränkung etablieren, so kann dem

[39] BGH, Urt. v. 08.04.1994 – V ZR 178/92; BGH, Urt. v. 03.03.1995 – V ZR 43/94.

Verkäufer kein widersprüchliches Verhalten vorgeworfen werden, so dass die Vorschrift des § 444 BGB insoweit nicht entgegensteht. Etwas anderes kann jedoch dann gelten, wenn eine inhaltlich unklare Formulierung oder Stellung im Vertragswerk gewählt wird, so dass sich hieraus eine Irreführung des Vertragspartners ergeben kann[40]. Insoweit ist deshalb auf eine klare Formulierung und Gliederung des Vertragswerks zu achten.

12. Steuerklausel

Da jedes Unternehmen seine eigene steuerliche „Vorgeschichte" beim Verkauf mit sich bringt, hat der Erwerber ein fundamentales Interesse daran, den Verkäufer an den damit einhergehenden Haftungsrisiken zu beteiligen, zumal dieser ja auch für den maßgeblichen Zeitraum noch die Verantwortung für das Unternehmen trug.

Haftungssituation

Share Deal

Beim Share Deal verändert sich nur der Gesellschafterbestand des Unternehmens. Als neuer (Anteils-)inhaber ist der Erwerber ohne Weiteres an sämtlichen Forderungen und Verbindlichkeiten auch aus steuerlichen Sachverhalten wirtschaftlich beteiligt. Da deren endgültige Bewertung oftmals erst später, etwa im Rahmen einer Betriebsprüfung, erfolgt, können noch lange nach der Übergabe des gekauften Unternehmens Nachforderungen für Veranlagungszeiträume aus der Zeit vor dem Kauf auf das Unternehmen und damit wirtschaftlich auf den neuen Eigentümer zukommen.

Beim Share Deal hat die Absicherung des Käufers für steuerliche Risiken also eine hohe Bedeutung.

Asset Deal

Aber auch beim Asset Deal kommt eine Haftung des Erwerbers für Steuerschulden aus Veranlagungszeiträumen, die zeitlich noch vor der Übernahme des Unternehmens durch den Erwerber liegen, in Betracht, nämlich aus § 25 HGB und/oder § 75 AO.

§ 25 HGB ordnet die Haftung für alle im Betrieb eines Handelsgeschäfts begründeten Verbindlichkeiten an, wenn der Erwerber das

[40] So auch MüKo-BGB-*Westermann*, § 444 BGB Rz. 16 m. w. N.

Handelsgeschäft unter Lebenden erwirbt und die Firma – sei es auch mit einem das Nachfolgeverhältnis andeutendem Zusatz – fortführt (vgl. hierzu Kapitel 8 Ziffer 4). Dies gilt auch für Steuerschulden, soweit sie im Betrieb des Geschäfts begründet sind. Umfasst sind also jedenfalls die Gewerbe- und die Umsatzsteuer, ggf. auch die Haftung für Kfz-Steuer für betrieblich genutzte Fahrzeuge. Personensteuern (also solche Steuern, die an eine bestimmte natürliche oder juristische Person anknüpfen) fallen jedoch nicht darunter[41]. Der Erwerber haftet, soweit er die Haftung nicht wirksam ausgeschlossen hat, mit seinem gesamten Vermögen. Eine andere Vereinbarung kann dem Gläubiger nur dann entgegengehalten werden, wenn sie ins Handelsregister eingetragen ist (§ 25 Abs. 2 HGB).

§ 75 AO begründet ebenfalls eine Haftung zulasten des Erwerbers eines Unternehmens für Betriebssteuern und Steuerabzugsbeträge, soweit diese seit dem Beginn des letzten vor der Übereignung liegenden Kalenderjahres entstanden sind und bis zum Ablauf von einem Jahr nach Anmeldung des Betriebs durch den Erwerber festgesetzt oder angemeldet werden. Voraussetzung ist, dass das Unternehmen als Ganzes oder ein in der Gliederung eines Unternehmens gesondert geführter Betrieb im Ganzen übereignet wird. Es müssen also jedenfalls die wesentlichen Grundlagen des Unternehmens oder Betriebs übernommen worden sein, um die Haftung auszulösen. Betriebssteuern sind insbesondere Umsatz,- Lohn- und Gewerbesteuer. Der Erwerber haftet aus § 75 AO jedoch nicht mit seinem gesamten persönlichen Vermögen, sondern „nur" mit dem übernommenen Aktivvermögen.

Absicherung des Erwerbers

Der Erwerber hat also ein nachvollziehbares Interesse daran, sein Risiko für die steuerlichen Sachverhalte zu minimieren. Bekannte Risiken können zwar bereits bei der Ermittlung des Kaufpreises wertmindernd berücksichtigt werden. Für verbleibende Risiken bleibt jedoch Handlungsbedarf. Es haben sich insoweit folgende Gestaltungsvarianten etabliert:

- Garantievereinbarungen im Rahmen der Gewährleistungsansprüche (vgl. Kapitel 8 Ziffer 10)

---

[41] Entschieden für die Körperschaftssteuerschulden einer GmbH vom BFH, Urt. v. 06.04.2016 – I R 19/14; Ausführungen zur Einkommenssteuer von Heeg, DStR 2012, 2159.

- Freistellung des Käufers bei Inanspruchnahme durch die Steuerbehörde
- ergänzende Verfahrensführungs- und Informationspflichten der Parteien

Die Umsetzung im Vertragswerk erfolgt üblicherweise wie folgt:

Definition

Vorab wird im Vertrag definiert werden, für welche Steuer- und Abgabearten die Vereinbarungen genau gelten sollen, also z. B. auch für Zölle oder Sozialversicherungsbeiträge. Auch die Frage, ob Nebenleistungen mitumfasst sind (also insbesondere Verspätungs- und Säumniszuschläge), ist regelungsbedürftig.

Gewährleistungsklauseln/Garantien

In einer Gewährleistungsklausel bzw. Garantieerklärung sichert der Verkäufer zu, dass er bis zum vereinbarten Stichtag sämtliche steuerlichen Erklärungen und Zahlungspflichten frist- und ordnungsgemäß erfüllt hat sowie dass seine Buchführung und Abschlüsse den Grundsätzen ordnungsgemäßer Buchführung entsprechen.

Die inhaltliche Richtigkeit der jeweiligen Steuererklärung ist in der Regel nicht Gegenstand der Zusicherung. Ansprüche wegen später eventuell erforderlichen Ergänzungen und Berichtigungen sind jedoch regelmäßig Gegenstand einer Freistellungsvereinbarung.

Freistellungsvereinbarung

Der Verkäufer verpflichtet sich in einer Freistellungsklausel, den Käufer von allen festgesetzten Steuern freizustellen, die auf Zeiträume bis zum vereinbarten Stichtag entfallen. Um Streit zu vermeiden, muss festgelegt werden, ob die Steuern nur „fällig" oder „bestandskräftig festgesetzt" sein müssen, um eine (ggf. zu unterscheiden: vorläufige oder endgültige) Freistellungspflicht auszulösen.

Auch an dieser Stelle können zugunsten des Verkäufers Haftungsbeschränkungen (z. B. eine Haftungshöchstsumme) vereinbart werden (vgl. Kapitel 8 Ziffer 11).

Bisweilen wird auch vereinbart, dass etwaige Kompensationseffekte zu einer Kürzung des Freistellungsanspruchs führen sollen. Ein solcher Effekt kann beispielsweise dadurch entstehen, dass eine

Betriebsausgabe im Buchungsjahr fälschlicherweise vollumfänglich als Aufwand erfasst wurde, die Betriebsprüfung jedoch eine Abschreibung über mehrere Jahre verlangt. Dies führt zwar im Buchungsjahr zu einem höheren Gewinn und damit einer höheren Steuerlast, verringert jedoch diese dafür in den Folgejahren.

Der Verkäufer wird sich ggf. im Gegenzug für die Freistellung von Steuerschulden einen Anspruch auf Weiterleitung von etwaigen Erstattungsansprüchen aus der Zeit vor dem Stichtag einräumen lassen.

Eine Regelung zur Fälligkeit des Freistellunganspruchs sollte keinesfalls fehlen. Oftmals soll diese mit Bestandskraft des jeweiligen Steuerbescheides eintreten. Bis dahin kann der Vollzug eines erlassenen Bescheids evtl. ausgesetzt werden. Da hierfür Aussetzungszinsen anfallen und eventuell auch eine Sicherheit gefordert wird, sollte auch bestimmt werden, ob Käufer oder Verkäufer dies übernehmen.

Informations- und Mitwirkungspflichten

Zunächst ist zu klären, ob der Käufer oder Verkäufer etwaige Steuerverfahren gegenüber der Finanzverwaltung führen soll und für welche Verfahrenshandlungen eine Zustimmung des Vertragspartners einzuholen ist. Außerdem wird festgelegt, wie die Kosten des Verfahrens verteilt werden.

Der Verkäufer wird bei der Übernahme von Garantien und Freistellungsverpflichtungen ein großes Interesse daran haben, dass Nachforderungen durch die Finanzverwaltung weit möglichst abgewehrt werden. Der Käufer selbst ist diesbezüglich möglicherweise durch seine Absicherung weniger motiviert. Der Verkäufer sollte sich deshalb jedenfalls Mitwirkungs- und Informationsrechte in den maßgeblichen Steuerverfahren einräumen lassen. Ein Verstoß gegen die diesbezüglichen Pflichten des Käufers können mit einem Verfall von Freistellungsansprüchen sanktioniert werden.

Sicherheiten

Schließlich wird sich der Käufer etwaige Nachzahlungsansprüche absichern lassen, etwa durch eine Bankbürgschaft.

Verjährung

Die regelmäßige gesetzliche Gewährleistungsfrist von zwei Jahren ab der Übergabe bzw. Ablieferung der Sache (§ 438 Abs. 1 Nr. 3 BGB) ist für den Unternehmenskauf bei steuerlichen Sachverhalten wenig sachgerecht, da Nachforderungen der Steuerbehörde oftmals erst nach einer Betriebsprüfung virulent werden. Es wird deshalb eine gesonderte Vereinbarung zur Verjährung von Haftungsansprüchen aus steuerlichen Sachverhalten getroffen. Der Beginn der Frist wird dabei zweckmäßigerweise an die formelle und materielle Bestandskraft des Steuerbescheids angeknüpft. Die Verjährungsfrist selbst im Anschluss an diesen „späten" Verjährungsbeginn wird meist kürzer als die gesetzliche Verjährungsfrist gewählt. Üblich sind Fristen zwischen drei und sechs Monaten.

Steuern aus Anlass der Veräußerung

Schließlich sollte noch geklärt werden, wer die Steuern, die aus Anlass der Veräußerung entstehen können, trägt. Regelmäßig trägt die Partei die auf ihrer Seite entstehenden Steuern. Werden etwa Grundstücke übertragen, fällt Grunderwerbssteuer an, welche im Innenverhältnis dann meist der Erwerber übernimmt.

13. Warranty and Indemnity Insurance

Die so genannte „Warranty and Indemnity Insurance" (W&I Insurance) ist eine Transaktionsversicherung, welche aus dem angloamerikanischen Versicherungsmarkt stammt, sich aber in den letzten Jahren immer mehr auch in Deutschland durchsetzt. Die Versicherung übernimmt dabei den Ausgleich der widerstreitenden Interessen zwischen dem Käufer nach einer möglichst großen Absicherung und des Verkäufers, möglichst wenig Risiken aus der Transaktion zu haben. Außerdem kann das Durchsetzungsrisiko bei Garantieverletzungen reduziert werden, das sonst über Treuhandregelungen oder Sicherheitseinbehalte abgesichert wird. W&I-Versicherungen gibt es sowohl als Verkäufer- als auch als Käuferversicherungen. Diese unterscheiden sich hinsichtlich Deckungsumfang und Struktur. Bei der Verkäuferpolice übernimmt der Versicherer die Abwehr eventueller Garantieansprüche und stellt den Verkäufer von diesen frei. Bei einer Käuferpolice hat der Käufer bei einer Garantieverletzung einen direkten Anspruch gegen die Versicherung auf Ersatz des Schadens.

Nicht versicherbar sind Risiken, die den Parteien bekannt sind bzw. die sich bei Durchführung einer Due Diligence aus den Datenraumunterlagen ergeben wie auch im Unternehmenskaufvertrag offengelegte Risiken. Bekannte Risiken können ggf. durch spezielle Versicherungen – sog. Special Situation Insurances –, die auf das einzelne Risiko zugeschnitten sind, abgesichert werden. Hier kommen vor allem Risiken aus Prospekthaftung, Steuern und Umwelt in Betracht sowie von bestehenden Rechtsstreitigkeiten. Ebenfalls in der Regel nicht versicherbar sind zukunftsgerichtete Garantien, Unterdeckung von Pensionszusagen, Produkthaftung und Garantien für die Zeit zwischen Signing und Closing.

Ungeachtet der Steigerung in den letzten Jahren wird bei kaum mehr als 10 Prozent aller Unternehmenstransaktionen eine W&I-Insurance abgeschlossen. Soweit Versicherungen abgeschlossen werden, geschieht das ganz überwiegend durch die Käufer. Gerade bei kleinen Transaktionen mit einem Transaktionsvolumen unter 20 Mio. Euro ist der Anteil von Transaktionen, bei denen eine Versicherung abgeschlossen wird, auch bisher noch sehr gering. Je höher die Transaktionssummen werden, umso mehr Transaktionen werden versichert.

Ein Grund dafür dürften auch Kosten sein. Die Kosten für den Abschluss einer W&I-Insurance liegen in der Regel zwischen 1 und 1,5 % der Deckungssumme, wobei jedoch in der Regel Mindestgebühren anfallen, so dass der Abschluss einer W&I-Versicherung erst ab einem Transaktionsvolumen von 5 Mio. Euro wirtschaftlich sinnvoll sein dürfte. Für den Fall des Nichtzustandekommens des Versicherungsvertrages müssen in der Regel die Anwaltskosten der Versicherung und auch die Maklerkosten bezahlt werden. Wenn die Police gezahlt wird, wird das auf die Versicherungsprämie angerechnet.

Die Versicherung sollte, wenn der Abschluss einer W&I-Insurance geplant ist, rechtzeitig eingeschaltet werden. Voraussetzung für ein erstes Angebot ist aber das Vorliegen eines Entwurfs des Kaufvertrages.

14. Vertraulichkeit, Veröffentlichung

Auch wenn bereits im Rahmen der Verhandlung des Vertrages in der Regel vor Durchführung der Due Diligence eine Vertraulichkeitsvereinbarung abgeschlossen wurde, wird üblicherweise im Unternehmenskaufvertrag auch noch eine Regelung über die Verpflichtung zur Geheimhaltung aufgenommen. In der Regel verpflichten sich beide Parteien zur Geheimhaltung des Vertrages und der im Rahmen der Vertragsverhandlungen ausgetauschten Informationen. Der Verkäufer verpflichtet sich darüber hinaus zur Geheimhaltung der Informationen über die verkaufte Gesellschaft.

Bei größeren Transaktionen ist es darüber hinaus üblich, eine Regelung darüber aufzunehmen, dass Veröffentlichungen über die Transaktion zwischen den Parteien abzustimmen sind. Ggf. wird auch eine entsprechende Presseerklärung bereits dem Vertrag als Anlage beigefügt.

15. Mitteilungen

Um Unklarheiten zu vermeiden, empfiehlt es sich, in den Vertrag auch eine Regelung aufzunehmen, in welcher Form (Zustellung per Boten, Fax, E-Mail etc.) und an wen Mitteilungen im Rahmen des Vertrages zu richten sind. Das betrifft zum einen Erklärungen im Rahmen des Vertrages bezüglich eventueller Bedingungen, die zwischen Signing und Closing zu erfolgen haben, aber auch die Geltendmachung von Garantieansprüchen oder Mitteilungen im Rahmen der Kaufpreiszahlung, z. B. bei Earn-Out-Regelungen. In der Regel wird auch vorgesehen, dass Kopien an die jeweiligen Anwälte geschickt werden.

16. Kostenregelung

Soweit im Vertrag nichts vereinbart ist, tragen die Parteien ihre Kosten selbst. Klarstellend wird dies in der Regel jedoch aufgenommen.

Regelungsbedürftig ist, wer die Kosten der notariellen Beurkundung trägt sowie evtl. anfallende Grunderwerbsteuer und ggf. Kosten einer Kartellanmeldung oder ausländischer Transaktionssteuern. Die Kosten der Beurkundung werden in der Regel durch den Käufer getragen; zum Teil werden aber auch die Kosten zwischen Käufer und Verkäufer hälftig geteilt.

17. Rechtswahl

Soweit der Kaufvertrag keine Auslandsberührung hat, also Käufer, Verkäufer und Gesellschaft in Deutschland ansässig sind, ergibt sich automatisch die Anwendbarkeit des deutschen Rechts. Unabhängig davon ist es üblich, eine ausdrückliche Rechtswahl mit aufzunehmen. In Fällen mit Auslandsberührung sollte eine Rechtswahl erfolgen, um hier Unsicherheiten und Auslegungsprobleme zu vermeiden. In der Regel empfiehlt es sich, das Recht zu wählen, das für die Zielgesellschaft gilt, also bei einer deutschen Gesellschaft deutsches Recht. Alles andere führt zu unnötigen Problemen.

18. Streitentscheidung

Hinsichtlich der Art, wie über einen eventuellen Rechtsstreit aufgrund oder im Zusammenhang mit dem Kaufvertrag entschieden werden soll, müssen die Parteien entscheiden, ob sie den Streit durch die ordentlichen Gerichte entscheiden lassen wollen oder durch ein Schiedsgericht. Je nachdem ist dann entweder eine Gerichtsstandsregelung aufzunehmen, wobei es sich dabei empfiehlt, ein Gericht in einer der größeren Städte zu wählen, da die Gerichte dort in der Regel mehr Erfahrung mit Streitigkeiten aus Unternehmenstransaktionen haben, oder ob die Streitigkeiten durch ein Schiedsgericht entschieden werden sollen.

Bei einem Schiedsgericht handelt es sich um ein nicht staatliches Gericht, das aufgrund der Abrede der Parteien zusammentritt und über die Streitigkeiten durch Schiedsspruch entscheidet. Eine Berufung gegen die Entscheidung des Schiedsgerichts ist nicht möglich.

Vorteile eines Schiedsgerichts sind die Vertraulichkeit, da bei Schiedsgerichten die Verhandlungen im Gegensatz zu staatlichen Gerichten nicht öffentlich sind. Ein weiterer Vorteil kann in der größeren Sachnähe der Schiedsrichter liegen, wenn es um komplexe technische Fragen geht, da die Parteien Schiedsrichter mit einer besonderen rechtlichen oder technischen Expertise bestimmen können. Soweit ausländische Parteien beteiligt sind, spricht für ein Schiedsgericht, dass sich die Sprache des Schiedsverfahrens frei wählen lässt, während vor deutschen Gerichten, mit Ausnahme weniger Gerichte bei Streitigkeiten vor der Handelskammer, die Verhandlungssprache ausschließlich Deutsch ist. Das zwingt die Parteien dann auch dazu, möglicherweise ein komplexes Vertragswerk vollständig übersetzen zu lassen. Da es keinen Instanzenzug gibt, wird eine schiedsgerichtliche Entscheidung in der Regel auch schneller zu erlangen sein.

Welche Verfahrensart kostengünstiger ist, lässt sich pauschal nicht sagen. Bei sehr hohen Streitwerten dürfte ein Schiedsgericht in der Regel günstiger sein, bei niedrigen Streitwerten das ordentliche Gericht.

Soweit die Parteien sich dafür entscheiden, die Entscheidung einem Schiedsgericht zu übertragen, empfiehlt es sich hier bereits, eine Verfahrensordnung zu wählen. In Deutschland ist hier wohl die größte Institution, die eine Schiedsordnung anbietet, die Deutsche Institution für Schiedsgerichtsbarkeit. Bei internationalen Streitigkeiten werden die Streitigkeiten häufig dem Schiedsgericht der International Chamber of Commerce in Paris oder dem London Court of International Arbitration unterworfen.

19. Vollständigkeit/Schriftform

Mit den sog. Vollständigkeitsklauseln werden etwaige zuvor zwischen den Parteien getroffene Vereinbarungen, wie z. B. ein Letter of Intent oder ggf. auch frühere Vertraulichkeitsvereinbarungen, aufgehoben. Diese Klauseln dienen im Übrigen der Klarstellung.

In diesem Zusammenhang wird in der Regel auch vereinbart, dass alle Änderungen des Vertrages schriftlich erfolgen müssen. Beim Verkauf von GmbH-Geschäftsanteilen gilt dies natürlich nur, wenn sich hier nicht aus den Formvorschriften schon das Erfordernis einer notariellen Beurkundung ergibt.

20. Salvatorische Klausel

Wie bei jedem Kaufvertrag sollte der Vertrag auch eine salvatorische Klausel enthalten, um sicherzustellen, dass im Falle einer Unwirksamkeit einer einzelnen Bestimmung nicht der gesamte Vertrag nichtig ist, sondern fortbesteht und nur die betroffene Klausel unwirksam ist.

Darüber hinaus kann in der salvatorischen Klausel auch eine Ersetzung dahingehend vorgesehen werden, dass im Falle der Unwirksamkeit oder Undurchführbarkeit einer Regelung oder auch im Falle einer unbeabsichtigten Regelungslücke diese durch eine Regelung zu ersetzen ist, die dem mutmaßlichen Willen der Parteien entsprochen hätte.

Finanzierung

1. Vorbemerkungen

Eine Finanzierung des Kaufpreises ausschließlich mit Eigenmitteln des Käufers dürfte nur selten möglich oder gewünscht sein. Unabhängig von der Finanzkraft des Erwerbers kann der Einsatz von Fremdkapital auch im Hinblick auf die Absetzbarkeit von Zinskosten steuerlich interessant sein.

Der Verkäufer wird vor dem Abschluss des Kaufvertrages in aller Regel einen Nachweis darüber verlangen, dass die Finanzierung gesichert ist. Ist die Finanzierung unklar oder die Zusage eines Kreditmittelgebers nur vage, wird der Verkäufer es vorziehen, mit einem anderen Interessenten zu kontrahieren, der eine gesicherte Finanzierung vorweisen kann.

In der Praxis dürften relativ viele Transaktionen an einer nicht gelungenen Finanzierung scheitern. Es empfiehlt sich deshalb unbedingt, als Kaufinteressent sich rechtzeitig und eingehend mit diesem Thema zu befassen. Aber auch der Verkäufer sollte sich rechtzeitig mit der Frage beschäftigen, ob der Kaufinteressent über die notwendigen finanziellen Mittel verfügt, um den Kauf zu finanzieren, und sich dies gegebenenfall bei Abschluss des Kaufvertrages oder, wenn möglich schon vorher, nachweisen lassen.

2. Vorbereitung

Zu Beginn muss eruiert werden, mit welchem Kapitalbedarf zu rechnen ist. Finanziert werden müssen nicht nur der reine Kaufpreis, sondern auch die anfallenden Nebenkosten (Berater- und Treuhandhonorare, Registerkosten, Notarkosten, Steuern), evtl. auch Kosten zur Behebung eines Investitionsstaus nach der Übernahme oder geplante Marketingmaßnahmen. Geplante Privatentnahmen müssen ebenfalls berücksichtigt werden. Einige Investitionsgüter müssen jedoch nicht unbedingt gekauft, sondern können evtl. auch gemietet oder geleast werden. Dies verringert wiederum den Finanzierungsbedarf.

Geldgeber verlangen in der Regel neben Informationen über das Zielobjekt (also insbesondere Vorlage von Jahresabschlüssen und betriebliche Auswertungen, unter Umständen auch Listen zum Waren- und Auftragsbestand, evtl. soweit vorhanden auch schon einen Entwurf des Kaufvertrags) einen Businessplan vom Erwerber. Ergänzt wird dieser gerade bei kleineren Firmen mit einem

Lebenslauf, der Auskunft über den beruflichen Werdegang des Interessenten gibt, so dass Bank oder Investor einschätzen können, ob der Interessent in der Lage sein wird, das Zielobjekt erfolgreich zu führen.

Businessplan

Kernstück der vorzulegenden Unterlagen ist der Businessplan. Es geht um die Geschäftsidee und kurz- und längerfristige Unternehmensziele. Im Businessplan stellt der Erwerber seine beruflichen Qualifikationen, Branchenkenntnisse, seine Berufserfahrung und sonstigen einschlägigen Kenntnisse und Stärken dar. Es wird auf den Gegenstand des Unternehmens, dessen Organisation, Rechtsform und Mitarbeiterstamm eingegangen. Geplante Maßnahmen zur Entwicklung sind darzulegen. Auch Angaben zur geplanten Marketingstrategie werden erwartet. Es wird erläutert, welcher Kundenkreis angesprochen und wie die Markt- und Wettbewerbssituation allgemein eingeschätzt wird. Es wird auf alle wesentlichen Chancen und Risiken hingewiesen. Schließlich ist noch ein Finanzplan vorzulegen, der den zu erwartenden Kapitalbedarf analysiert und den Eigenkapitalanteil und das benötigte Fremdkapital ausweist. Etwaige Fördermöglichkeiten sind aufzuführen. Außerdem wird eine Angabe zu möglichen Sicherheiten verlangt. Ergänzt werden diese Angaben durch einen Liquiditätsplan und eine Rentabilitätsvorschau. Bei der Erstellung helfen z. B. Industrie- und Handelskammern, das Bundesministerium für Wirtschaft und Energie[42], die kfw-Bank[43] oder das RKW-Kompetenzzentrum[44]. Auch private Anbieter können zurate gezogen werden.

3. Finanzierungsquellen

Als Finanzierungsquellen kommen neben privaten Kreditgebern wie Banken und Investmentgesellschaften auch öffentlich-rechtliche Institute oder der Verkäufer selbst in Betracht. Oftmals wird ein Mix aus den verschiedenen Finanzierungsmöglichkeiten zusammengestellt.

---

42 https://www.existenzgruender.de, zuletzt aufgerufen: 28.05.2019.

43 https://gruenderplattform.de/businessplan, zuletzt aufgerufen: 28.05.2019.

44 https://www.rkw-kompetenzzentrum.de, zuletzt aufgerufen: 28.05.2019.

Öffentlich-rechtliche Finanzierungsquellen

Zu nennen wären hier insbesondere die kfw-Bank und die Förderbanken der verschiedenen Bundesländer.

Die Hausbanken tragen hier jedoch teils das Ausfallrisiko, so dass die Förderbanken entsprechende Sicherheiten fordern werden. Auch die Stellung von persönlichen Sicherheiten oder die (ergänzende) Übernahme einer persönlichen Haftung wird von Kreditgebern häufiger gefordert. Dieses ist im Einzelfall nach entsprechender Beratung genau abzuwägen. Grundsätzlich empfiehlt sich eine durchgehende Trennung von Privat- und betrieblichem Vermögen.

Auch Finanzierungshilfen durch öffentlich-rechtliche Beteiligungsgesellschaften kommen infrage, z. B. die Mittelständischen Beteiligungsgesellschaften der verschiedenen Bundesländer und der Landesbanken. Für Unternehmen der Hightech-Branche kommt unter Umständen ein Investment des Hightech-Gründerfonds in Betracht.

Dabei kommen oftmals Finanzierungsformen mit Mischcharakter zum Einsatz, also solche, die zwischen einer echten Beteiligung mit Anteilserwerb und einem Darlehen stehen. Es kann sich dabei um ein nachrangiges oder partiarisches Darlehen handeln.

Die Finanzierungshilfen der öffentlichen Hand sind oftmals zu günstigeren Konditionen zu haben als die der privaten Kreditgeber. Eigenkapitalzufluss in Form einer Beteiligung kann die Kreditwürdigkeit für weitere Kredite erhöhen. Das gilt auch für nachrangige Finanzierungsmittel mit Eigenkapitalcharakter, z. B. stille Beteiligungen.

Daneben gibt es auch Förderprogramme der öffentlichen Hand (z. B. des Bundesamts für Wirtschaft und Ausfuhrkontrolle), beispielsweise in Form von Zuschüssen. Beratung erteilen die Kammern, teils auch Banken.

Private Geschäftsbanken und Sparkassen

Der Klassiker bei den verschiedenen Finanzierungsvarianten ist wohl nach wie vor der Kredit der privaten Geschäftsbank oder Sparkasse. Diese verlangen entsprechende Sicherheiten, z. B. durch Bürgschaften oder Bestellung von Grundschulden.

Mitarbeiterbeteiligungen

Die Mitarbeiterbeteiligung kann sich ausgesprochen positiv auf die Motivation der Belegschaft auswirken.

Dabei können die Mitarbeiter am Eigenkapital oder am Fremdkapital beteiligt werden. Auch Mischformen sind möglich. Bei der Eigenkapitalbeteiligung wird der Mitarbeiter Anteilsinhaber, der prinzipiell den übrigen Gesellschaftern gleichgestellt ist. Er ist also sowohl am Gewinn als auch Verlust des Unternehmens beteiligt und hat grundsätzlich auch Mitspracherechte. Es empfiehlt sich, regelmäßig ein derartiges Mitarbeitermodell unter Berücksichtigung zahlreich möglicher Entwicklungen (z. B. Ausscheiden des Mitarbeiters aus dem Unternehmen, Kapitalmaßnahmen, wie etwa eine Kapitalerhöhung) in der Zukunft äußerst detailliert zu konzipieren.

Die Beteiligung am Fremdkapital erfolgt mittels Darlehen. Als Alternative kommen Mischformen wie die stille Beteiligung oder Genussrechte in Betracht. Inwieweit Informations- und Mitspracherechte gewährt werden, kommt auf die jeweilige Absprache an.

Bei einem sog. „Management Buy-Out" wird das Unternehmen vom bisherigen Management, bei einem sog. „Management Buy-In" von einem neuen Management, oftmals zusammen mit einem weiteren Investor, übernommen. Der **Leveraged Buy-out** ist eine bestimmte Form des Buyouts und bezeichnet eine Unternehmensübernahme, die überwiegend durch Fremdkapital finanziert ist. Bei dieser Art des Unternehmenskaufs sind regelmäßig zusätzlich zum aufgenommenen Fremdkapital (externe oder interne) Investoren mit Eigenkapital beteiligt.

Alternativen

Auf dem Vormarsch sind auch Finanzierungen durch private Kreditgeber, die oftmals über Internetplattformen vermittelt werden. Auch das sog. Crowdfunding gehört hierher. Dabei handelt es sich meist um stille Beteiligungen, Genussrechte oder partiarische (nachrangige) Darlehen. Allerdings sind derlei Angebote aktuell eher bei Neugründungen von Unternehmen zu finden als bei angestrebten Übernahmen von bestehenden Unternehmen.

4. Sicherheiten

Als Kreditsicherheiten kommen neben den persönlichen Sicherungsmitteln wie Bürgschaft und Garantien auch eine Verpfändung von Gesellschaftsanteilen oder Konten, Sicherungsabtretungen von Forderungen, Anlage- und Umlaufvermögen oder die Bestellung von Grundschulden in Betracht. Oftmals wird auch eine Beschränkung der Verwendung des Unternehmensgewinns dahingehend verlangt, dass sich der Eigentümer verpflichtet, nur einen bestimmten Anteil als Gewinn auszuschütten.

Allgemein gilt: Je werthaltiger eine Sicherheit ist, desto bessere Konditionen können für die Finanzierung ausgehandelt werden. Allerdings ist wegen des Aufwands oder wegen zu erwartender Probleme bei der Realisierung der Sicherheit die Prognose zum Cash-flow in der Regel das entscheidende Kriterium für die Kreditwürdigkeit. Aber auch die Höhe des Eigenkapitaleinsatzes spielt eine Rolle.

Begleitpflichten von Käufer und Verkäufer

10

1. Vorbemerkungen

Mit dem Kauf bzw. Verkauf eines Unternehmens können verschiedene Mitteilungspflichten und Zustimmungserfordernisse verbunden sein. Über die Köpfe von Mitgesellschaftern hinweg wird ein Unternehmenskauf oder -verkauf meist nicht möglich sein. Auch die Zustimmung des Ehegatten bzw. Lebenspartners kann erforderlich sein (§§ 1365, 1423 BGB, 6 LPartG; vgl. Kapitel 1 Ziffer 3, Kapitel 8 Ziffer 3 und Ziffer 4).

Daneben bestehen ggf. verschiedene aktien- bzw. wertpapierrechtliche Mitteilungspflichten bei einem Share Deal, sofern bestimmte Schwellenwerte überschritten werden.

Schließlich ist ggf. noch an die Freigabe durch die Kartellbehörden zu denken.

Um einen Unternehmenskauf wirksam vollziehen zu können, müssen also oftmals noch diverse Zustimmungen eingeholt bzw. Mitteilungspflichten erfüllt werden. Im Folgenden soll im Überblick auf die wichtigsten davon eingegangen werden:

2. Gesellschafterbeschlüsse, Hauptversammlungsbeschlüsse

Bei Unternehmenstransaktionen sind häufig auch im Rahmen der Vorbereitung oder Umsetzung Beschlüsse der Gesellschafter, sowohl auf Ebene der aktuellen (Verkäufer) oder zukünftigen (Käufer) Gesellschafter als auch der Zielgesellschaft erforderlich.

Ein Gesellschafterbeschluss aufseiten des Verkäufers oder Käufers kann erforderlich sein, wenn der Verkauf oder der Erwerb der Beteiligung aufgrund einer Regelung in der Satzung, Geschäftsordnung oder einem Beschluss (z. B. der Gesellschafter einer GmbH) der Zustimmung unterliegen.

Soweit der Verkäufer eine Aktiengesellschaft ist, geht die Rechtsprechung seit der Holzmüller-Entscheidung[45] davon aus, dass der
10 Vorstand einer AG verpflichtet ist, Geschäftsführungsfragen der Hauptversammlung vorzulegen, wenn der Vorstand vernünftigerweise nicht annehmen kann, er dürfe die Maßnahme in eigener Verantwortung treffen. Dies ist der Fall, wenn eine Maßnahme in

---

[45] BGH, Urt. v. 25.02.1982 – II ZR 174/80.

den Kernbereich der Unternehmenstätigkeit eingreift. Das wird angenommen, wenn 70 bis 80 Prozent des Gesellschaftsvermögens übertragen wird. Dies gilt auch für die Übertragung an eine Tochtergesellschaft. In diesen Fällen muss die Hauptversammlung mit einer Dreiviertelmehrheit zustimmen. Ob die Holzmüller-Rechtsprechung auch auf die Veräußerung einer Beteiligung anwendbar ist, ist umstritten. Um hier Risiken zu vermeiden, sollte aber die Zustimmung vorsorglich eingeholt werden.

Soweit bei einer AG das Vermögen als Ganzes übertragen werden soll, ist gemäß § 179a Abs. 1 AktG die Zustimmung der Hauptversammlung erforderlich. Nach der Rechtsprechung des BGH gilt das Zustimmungserfordernis entsprechend auch bei GmbHs und Personenhandelsgesellschaften.

Bei GmbHs ist in vielen Satzungen eine Vinkulierung der Geschäftsanteile vorgesehen, d. h. dass für die Übertragung der Geschäftsanteile oder ihre Belastung die Zustimmung der Gesellschafter erforderlich ist. In diesem Fall bedarf es je nach Ausgestaltung der Satzung entweder eines zustimmenden Beschlusses der Gesellschafterversammlung der Gesellschaft, deren Anteile verkauft werden, oder auch sämtlicher Gesellschafter.

Daneben sind häufig auch im Rahmen der Umsetzung des Unternehmenskaufs Gesellschafterbeschlüsse erforderlich, z. B. wenn der Gesellschaftsvertrag oder eine Geschäftsordnung entsprechend der Vereinbarungen aus dem Kaufvertrag geändert werden sollen oder wenn, wie das häufig der Fall ist, neue Geschäftsführer oder bei der AG ein neuer Aufsichtsrat bestellt werden soll.

3. Ad-hoc-Mitteilungen nach MMVO und WpHG

Der Herausgeber von bestimmten Wertpapieren, die an einem organisierten Markt zugelassen sind bzw. deren Zulassung beantragt ist, hat nach Art. 17 MMVO, § 26 Abs. 1 Satz 1 WpHG sog. Insiderinformationen, die ihn unmittelbar betreffen, unverzüglich zu veröffentlichen. Damit unterfallen insbesondere alle zum Börsenhandel zugelassenen Aktiengesellschaften der Veröffentlichungspflicht. Aber auch andere Unternehmen, die z. B. Anleihen herausgegeben oder erst einen Antrag auf Zulassung zu einem regulierten Markt gestellt haben, sind betroffen. Welche Finanzinstrumente unter die MMVO fallen, ist in Anhang I Abschnitt C der MiFiDII aufgelistet (Art. 3 Abs. 1 Nr. 1 MMVO).

Eine Insiderinformation ist eine präzise Information, die den Emittenten – in diesem Fall unmittelbar – betrifft und, wenn sie öffentlich bekannt würde, geeignet wäre, den Kurs der betroffenen Finanzinstrumente zu beeinflussen. Eine detaillierte Definition, bezogen auf unterschiedliche Finanzinstrumente, findet sich in Art. 7 MMVO.

Auch der Kauf oder Verkauf eines Unternehmens bzw. Unternehmensteils kann demnach eine veröffentlichungspflichtige Information sein. Da es sich bei einem Unternehmenskauf um eine zeitlich gestreckte Maßnahme handelt, stellt sich die Frage, zu welchem Zeitpunkt die Veröffentlichungspflicht greift. Eine allgemeingültige Antwort hierauf gibt es leider nicht. Ob schon die Planung, vorbereitende Maßnahmen, der Entschluss des (Ver-)kaufs, die Abgabe eines Angebots, die Unterzeichnung eines Letter of Intent oder gar erst der Abschluss des Vertrages oder die Einholung aller erforderlichen Genehmigungen zum Vertragsschluss veröffentlichungspflichtig sind, hängt vom konkreten Einzelfall ab. Entscheidend ist grundsätzlich, ob die jeweilige Maßnahme für sich bereits geeignet ist, sich auf den Kurswert auszuwirken. Dies hängt maßgeblich von der Bedeutung des Geschäfts für das betroffene Unternehmen ab. Erste Überlegungen und der bloße Entwurf von Strategien, deren Umsetzung noch völlig offen ist, werden in der Regel noch nicht zu einer Veröffentlichungspflicht führen, ebenso wenig wohl die Beauftragung von Beratern. Anders kann dies jedoch unter Umständen bereits für die Aufnahme von Verhandlungen zu beurteilen sein.

Nach Art. 17 Abs. 4 MMVO kann ein Emittent jedoch auf eigene Verantwortung die Offenlegung von Insiderinformationen für die Öffentlichkeit aufschieben, sofern die unverzügliche Offenlegung geeignet wäre, die berechtigten Interessen des Emittenten zu beeinträchtigen, keine Irreführung der Öffentlichkeit zu befürchten ist und der Emittent die Geheimhaltung der Insiderinformation sicherstellen kann. Ein solches berechtigtes Interesse wird anzunehmen sein, wenn die Veröffentlichung unternehmerische Ziele oder Entwicklungen vereiteln, gefährden oder erheblich beeinträchtigen würde[46]. Dies dürfte bei länger dauernden Verhandlungen über einen Unternehmenskauf meist der Fall sein. Die ESMA hat Richtlini-

[46] *Schimansky/Bunte/Lwowski*, § 107 Rz. 152-155.

en zur Aufschiebung der Veröffentlichung von Insiderinformationen veröffentlicht[47].

Verstößt das Unternehmen gegen seine Pflichten zur Veröffentlichung, kann es sich schadensersatzpflichtig machen (§ 26 Abs. 3 WpHG). Ein Vorstand, der für die Aktiengesellschaft der Veröffentlichungspflicht nachzukommen hat, jedoch dagegen verstößt, macht sich seinerseits gegenüber der Aktiengesellschaft haftbar, sollte dieser daraus ein Schaden entstehen (§ 93 Abs. 2 AktG). Im Einzelfall kommt auch eine unmittelbare Schadensersatzpflicht von Vorstandsmitgliedern für fehlerhafte Ad-hoc-Mitteilungen gegenüber Dritten in Betracht, insbesondere wenn eine unrichtige Darstellung nach § 400 AktG, ein Betrug oder Kapitalanlagebetrug (§§ 263, 264a StGB) im Raum stehen oder wegen einer vorsätzlichen sittenwidrigen Schädigung (§ 826 BGB).

4. Mitteilungspflichten nach §§ 20 ff. AktG, 33 WpHG

In Zusammenhang mit dem Erwerb von Anteilen an einer Aktiengesellschaft oder KGaA bestehen zudem diverse Mitteilungspflichten gegenüber der betroffenen Gesellschaft bzw. teils auch gegenüber der Bundesanstalt für Finanzdienstleistungsaufsicht (BaFin).

Dabei ist zwischen Gesellschaften, deren Anteile zum Handel auf einem regulierten Markt an einer Börse im EWR zugelassen sind und solchen, für die das nicht gilt, zu unterscheiden:

Anteile an Aktiengesellschaften und KGaA, die nicht auf einem regulierten Markt handelbar sind

Mitteilungspflichten des Unternehmens, das Aktien hält

Ein Unternehmen, das Anteile an einer Aktiengesellschaft oder einer KGaA mit Sitz im Inland hält oder erwirbt, hat der Gesellschaft, sobald seine Beteiligung bestimmte Schwellenwerte erreicht bzw. unterschreitet, davon Mitteilung zu machen. Damit sollen Beteiligungen von wesentlicher Bedeutung offengelegt und die Feststellung wechselseitiger Beteiligungen ermöglicht werden.

Nach § 20 Abs. 1 AktG hat ein Unternehmen – Privatpersonen sind nicht erfasst –, sobald ihm mehr als der vierte Teil der Aktien einer

[47] ESMA Final Report, ESMA/2016/1130, 13.07.2016.

Aktiengesellschaft oder KGaA mit Sitz im Inland gehören, dies der Gesellschaft unverzüglich schriftlich mitzuteilen. Als Anteile, die einem Unternehmen gehören, gelten auch diejenigen Anteile, die einem von ihm abhängigen Unternehmen oder einem anderen für Rechnung des Unternehmens oder von diesem abhängigen Unternehmen gehören. Wenn der Inhaber des Unternehmens ein Einzelkaufmann ist, zählen auch diejenigen Anteile dazu, die sonstiges Vermögen des Inhabers sind (§ 16 Abs. 4 AktG).

Bei der Beurteilung, ob eine Mitteilungspflicht besteht, sind auch Aktien, deren Übereignung vom Unternehmen, einem abhängigen Unternehmen oder für Rechnung des Unternehmens gefordert werden kann bzw. zu deren Abnahme eine entsprechende Verpflichtung besteht (§ 20 Abs. 2 AktG), mitzurechnen. Es genügt hier schon eine bloße Option.

Erreicht das Unternehmen nach einer Meldung unter Berücksichtigung des Absatzes 2 (also mehr als 25 Prozent-Anteile unter Berücksichtigung von Anteilen, auf deren Übereignung ein Anspruch bzw. zu deren Abnahme eine Verpflichtung besteht) später unabhängig hiervon die Schwelle des Absatzes 1 (also tatsächliche aktuelle Inhaberschaft von mehr als 25 Prozent-Anteilen), so ist eine erneute Meldung zu machen, sofern das Unternehmen selbst eine Kapitalgesellschaft ist (§ 20 Abs. 3 AktG).

Das Halten einer Mehrheitsbeteiligung ist ebenfalls meldepflichtig (§ 20 Abs. 4 AktG).

Werden die Beteiligungsschwellen unterschritten, besteht wiederum eine entsprechende Meldepflicht (§ 20 Abs. 5 AktG).

Die Gesellschaft kann jederzeit einen Nachweis über das Bestehen der Beteiligung fordern (§ 22 AktG).

Die Gesellschaft wiederum hat Mitteilungen nach § 20 Abs. 1 oder 4 unverzüglich in den Geschäftsblättern bekannt zu machen (§ 20 Abs. 6 AktG).

Solange das nach § 20 Abs. 1 oder Abs. 4 AktG meldepflichtige Unternehmen seiner Meldepflicht nicht nachkommt, kann es aus allen Anteilen keine Rechte gegenüber der Gesellschaft geltend machen (§ 20 Abs. 7). Dasselbe gilt für ein von ihm abhängiges Unternehmen, das die Anteile hält, oder ein Unternehmen, das die Anteile für dessen Rechnung hält. Der Rechtsverlust betrifft nicht die Aktie selbst, sondern nur die Rechte daraus, also z. B. Bezugs- und Stimmrechte. Was die Dividende oder die Erlösverteilung bei Auflösung der Gesellschaft anbelangt, so kommt jedoch eine Nachholung der Mitteilung in Betracht, sofern sie nicht vorsätzlich unterlassen wurde.

Außerdem kann sich der Meldepflichtige gegenüber der Gesellschaft oder Dritten, z. B. anderen Aktionären, schadensersatzpflichtig machen, wenn er seiner Meldepflicht nicht rechtzeitig nachkommt. Überlässt ein Aktionär, der sein Stimmrecht wegen der Verletzung der Meldepflicht nicht ausüben darf, einem anderen Aktien zum Zweck der Ausübung des Stimmrechts, so liegt eine bußgeldbewehrte Ordnungswidrigkeit vor (§ 405 Abs. 3 Nr. 5 AktG). Dasselbe gilt für denjenigen, der diese überlassenen Aktien zur Stimmrechtsausübung benutzt. Die Ordnungswidrigkeit kann mit einem Bußgeld bis zu 25.000 Euro geahndet werden (§ 405 Abs. 4 AktG).

Mitteilungspflichten einer Aktiengesellschaft

Sobald einer Aktiengesellschaft oder KGaA mehr als 25 Prozent der Anteile einer anderen Kapitalgesellschaft mit Sitz im Inland gehören, hat sie dies ebenfalls dem Unternehmen, an dem die Beteiligung besteht, unverzüglich schriftlich mitzuteilen (§ 21 AktG).

Eine solche Mitteilungspflicht besteht auch, sobald der Gesellschaft eine Mehrheitsbeteiligung an einem andern Unternehmen, unabhängig von seiner Rechtsform im Sinne von § 16 Abs. 1 AktG, gehört.

Werden die Schwellenwerte unterschritten, gilt ebenfalls die Mitteilungspflicht (§ 21 Abs. 3 AktG).

Auch hier kann ein Nachweis über das Bestehen der Beteiligung verlangt werden (§ 22 AktG).

Verletzt die Gesellschaft ihre Mitteilungspflichten, kann sie aus ihren Anteilen keine Rechte gegenüber der Gesellschaft, von denen sie Anteile hält, geltend machen. Außerdem kommen auch hier Schadensersatzansprüche und die Verwirklichung einer Ordnungswidrigkeit in Betracht. Insoweit sei auf die Ausführungen oben zu „Mitteilungspflichten des Unternehmens, das Aktien hält", verwiesen.

Aktien, die für den Handel auf einem regulierten Markt im EWR zugelassen sind

Für auf einem regulierten Markt zugelassene Aktien, also insbesondere börsennotierte Aktien, gelten die §§ 20 ff. AktG nicht. Mitteilungspflichten bestehen jedoch gleichwohl nach § 33 WpHG. Sinn und Zweck ist die Förderung der Transparenz der Aktionärsstruktur und Beteiligungsverhältnisse. Anleger sollen geschützt und ihr Vertrauen in die Wertpapiermärkte gestärkt werden.

Wer durch Erwerb, Veräußerung oder auf sonstige Weise 3, 5, 10, 15, 20, 25, 30, 50 oder 75 Prozent der Stimmrechte aus ihm gehörenden Aktien an einem Emittenten, für den die Bundesrepublik Deutschland der Herkunftsstaat ist, erreicht, überschreitet oder unterschreitet (Meldepflichtiger), hat dies unverzüglich dem Emittenten und gleichzeitig der Bundesanstalt für Finanzdienstleistungsaufsicht (BaFin), spätestens innerhalb von vier Handelstagen mitzuteilen.

Bei der Bewertung der Schwellenwerte werden u. a. auch Stimmrechte berücksichtigt, die einem Tochterunternehmen des Meldepflichtigen oder einem Dritten, der die Stimmrechte für den Meldepflichtigen hält, gehören. Auch Stimmrechte, die der Meldepflichtige bloß ausüben kann, z. B. wegen einer Bevollmächtigung, sind zu berücksichtigen. Daneben sieht das Gesetz noch einige weitere Zurechnungsbestimmungen, z. B. bei einem abgestimmten Stimmrechtsverhalten, vor (§ 38 WpHG). Im Einzelfall können auch individuelle Gestaltungen, wie etwa Poolverträge, durchaus Regelungen enthalten, die relevant sind, es empfiehlt sich stets eine detaillierte Prüfung des zu berücksichtigenden Pflichtenkreises der Beteiligten.

Wird die Meldepflicht nicht korrekt erfüllt, drohen folgende Sanktionen:

Der Meldepflichtige verliert in aller Regel seine Rechte aus der Beteiligung (§ 44 WpHG), also insbesondere neben dem Anspruch auf Dividende und Liquidationsgewinn auch sein Stimmrecht für die Zeit, für die die Meldepflichten nicht erfüllt wurden. Was die Höhe des Stimmrechtsanteils anbelangt, so kann sich die Frist bei vorsätzlicher oder grob fahrlässiger Verletzung der Mitteilungspflichten um sechs Monate (§ 44 Abs. 1 Satz 3 WpHG) verlängern.

Außerdem kann eine Ordnungswidrigkeit nach § 120 Abs. 2 Nr. 2 lit. d WpHG vorliegen, die mit einer Geldbuße bis zu 2 Mio. Euro geahndet werden kann (§ 120 Abs. 17 WpHG), wobei gegenüber einer juristischen Person oder Personenvereinigung auch eine höhere Geldbuße verhängt werden kann, und zwar bis zu 10 Mio. Euro oder 5 Prozent des Gesamtumsatzes, der im vorangegangenen Geschäftsjahr erzielt wurde, wobei der höhere Betrag nicht überschritten werden darf. Darüber hinaus ist eine Geldbuße bis zum zweifachen des aus dem Verstoß gezogenen wirtschaftlichen Vorteils möglich.

Verstöße gegen die Mitteilungspflichten werden außerdem für fünf Jahre auf der Website der BaFin veröffentlicht (§ 124 WpHG).

Schließlich sind auch hier Schadensersatzansprüche bei einer Verletzung der Meldepflicht denkbar. Allerdings ist dies in der Fachliteratur umstritten und höchstrichterlich noch nicht geklärt[48]. Gegen eine Schadensersatzpflicht spricht, dass § 33 WpHG das Allgemeingut der Marktransparenz und nicht den individuellen Anleger schützen soll.

5. Kartellrechtliche Freigabe

Werden durch einen Unternehmenskauf verschiedene Unternehmen zusammengeführt, so kann sich eine kartellrechtliche Relevanz ergeben.

Das Fusionsrecht soll wettbewerbsrechtlich problematische Unternehmenskonzentrationen verhindern. Würde durch den Erwerb eine marktbeherrschende Stellung geschaffen oder verstärkt werden, kann der Zusammenschluss verweigert werden. Entscheidend ist jedoch, ob durch den Zusammenschluss ein wirksamer Wettbewerb erheblich behindert wird (§ 36 Abs. 1 GWB bzw. Art. 2 Abs. 3 FKVO).

Nationale Sachverhalte

In Deutschland ist das Bundeskartellamt für die kartellrechtliche Prüfung von Zusammenschlüssen von Unternehmen zuständig.

Das Verfahren vor dem Bundeskartellamt richtet sich nach den Vorschriften der §§ 35 ff. GWB. Ob überhaupt ein kartellrechtlich relevanter Zusammenschluss vorliegt, bestimmt sich nach den Umsatzerlösen der beteiligten Unternehmen. Das Gesetz gibt bestimmte

48 Übersicht bei Schüppen/Schaub-*Walz*, § 48 Rz. 191.

Schwellenwerte vor (§ 35 GWB). Werden diese erreicht, besteht eine Anmeldepflicht beim Bundeskartellamt.

Eine solche sog. präventive Fusionskontrolle von Unternehmenszusammenschlüssen ist durchzuführen, wenn die beteiligten Unternehmen im letzten Geschäftsjahr vor dem Zusammenschluss insgesamt weltweit Umsatzerlöse von mehr als 500 Mio. Euro und im Inland mindestens ein beteiligtes Unternehmen Umsatzerlöse von mehr als 25 Mio. Euro und ein anderes beteiligtes Unternehmen Umsatzerlöse von mehr als 5 Mio. Euro erzielt haben (§ 35 Abs. 1 GWB).

Außerdem ist ein beabsichtigter Zusammenschluss anzumelden, wenn die beteiligten Unternehmen insgesamt weltweit Umsatzerlöse von mehr als 500 Mio. Euro und im Inland im letzten Geschäftsjahr vor dem Zusammenschluss ein beteiligtes Unternehmen Umsatzerlöse von mehr als 25 Mio. Euro erzielt hat und weder das zu erwerbende Unternehmen noch ein anderes beteiligtes Unternehmen Umsatzerlöse von jeweils mehr als 5 Mio. Euro erzielt haben, der Wert der Gegenleistung für den Zusammenschluss mehr als 400 Mio. Euro beträgt und das zu erwerbende Unternehmen in erheblichem Umfang im Inland tätig ist.

Ausnahmen gelten nach § 35 Abs. 2 GWB für bestimmte nicht abhängige Unternehmen, die im letzten Geschäftsjahr weltweit Umsatzerlöse von weniger als 10 Mio. Euro erzielt haben und sich mit einem anderen Unternehmen zusammenschließen, für bestimmte Zusammenschlüsse öffentlicher Einrichtungen und Betriebe und gewisse Unternehmen einer kreditwirtschaftlichen Verbundgruppe.

Soweit die Europäische Kommission nach der Fusionskontrollverordnung (FKVO) für die Kontrolle von Unternehmenszusammenschlüssen ausschließlich zuständig ist (vgl. hierzu nachfolgender Abschnitt „Internationale Sachverhalte"), erfolgt kein Kontrollverfahren nach dem GWB.

10 Zusammenschlüsse (§ 37 GWB), die dem deutschen Kartellrecht unterfallen, sind bereits vor dem Vollzug beim Bundeskartellamt anzumelden (§ 39 Abs. 1-3 GWB). Sind die Parteien nicht sicher, ob ein anmeldepflichtiger Zusammenschluss im Sinne des GWB vorliegt, kann – um Rechtsunsicherheiten zu beseitigen – ebenfalls eine Anmeldung erfolgen.

Mit der Anmeldung beginnt das Fusionskontrollverfahren. Das Bundeskartellamt darf einen Zusammenschluss, der ihm angemeldet worden ist, nur untersagen, wenn es den anmeldenden Unternehmen innerhalb einer Frist von einem Monat seit Eingang der vollständigen Anmeldung mitteilt, dass es in die Prüfung des Zusammenschlusses (Hauptprüfverfahren) eingetreten ist (§ 40 Abs. 1 GWB). Damit tritt eine Freigabefiktion ein, wenn das Bundeskartellamt nicht fristgemäß reagiert. Ein Hauptprüfverfahren soll nur dann eingeleitet werden, wenn eine weitere Prüfung des Zusammenschlusses erforderlich ist. Wird ein Zusammenschluss im Sinne des § 37 GWB „nicht richtig oder nicht vollständig anmeldet", so kann dies als Ordnungswidrigkeit mit einer Geldbuße bis zu 100.000 Euro geahndet werden (§ 81 Abs. 2 Nr. 3 i. V. m. § 81 Abs. 4 Satz 5 GWB).

Bis zur Entscheidung der Kartellbehörde besteht ein Vollzugsverbot, d. h., der Unternehmenskauf darf bis zur fusionsrechtlichen Freigabe nicht vollzogen werden. Auch eine Umgehung dieses Verbots durch Schaffung eigentümerähnlicher Strukturen – z. B., indem der neue Eigentümer bereits den Geschäftsführer stellt und/oder anweist – ist unzulässig.

Gegen die Untersagung eines Zusammenschlusses können die Beteiligten das Rechtsmittel der Beschwerde einlegen. Im Bereich der deutschen Fusionskontrolle besteht darüber hinaus die Möglichkeit der Ausnamegenehmigung durch Ministererlaubnis. Hiernach erteilt der Bundesminister für Wirtschaft und Energie auf Antrag die Erlaubnis zu einem vom Bundeskartellamt untersagten Zusammenschluss, wenn im Einzelfall die Wettbewerbsbeschränkung von gesamtwirtschaftlichen Vorteilen des Zusammenschlusses aufgewogen wird oder der Zusammenschluss durch ein überragendes Interesse der Allgemeinheit gerechtfertigt ist. Die Erlaubnis kann mit Bedingungen und Auflagen verbunden werden. Der Antrag ist innerhalb einer Frist von einem Monat ab Zustellung der Untersagung oder Auflösungsanordnung schriftlich zu stellen (§ 42 GWB).

Mit der Aufhebung der Untersagung entfällt das Vollzugsverbot.

Der Vollzug ist sodann ebenfalls anzuzeigen (§ 39 Abs. 6 GWB).

Internationale Sachverhalte

Bei internationalen Sachverhalten sind das jeweilige nationale Kartellrecht beider beteiligten Unternehmen sowie ggf. auch das europäische Fusionskontrollrecht zu beachten.

Die maßgeblichen Vorschriften für das europarechtliche Verfahren finden sich in der Fusionskontrollverordnung, ergänzende Verfahrensvorschriften in der FKVO-Durchführungsverordnung.

Die Europäische Kommission übernimmt bei einem Unternehmenskauf, bei dem Unternehmen aus mehreren EU-Ländern beteiligt sind, anstelle der nationalen Behörde die Fusionskontrolle (sog. „One-stop-shop-Prinzip"), wenn der Zusammenschluss gemeinschaftsweite Bedeutung hat. Ansonsten verbleibt es in Deutschland bei der Zuständigkeit des Bundeskartellamtes.

Ob eine solche gemeinschaftsweite Bedeutung im Einzelfall gegeben ist, richtet sich nach bestimmten Schwellenwerten der erzielten Umsätze und wo – also in welchen Ländern – diese erzielt werden (Art. 1 FKVO).

Voraussetzung für ein Fusionskontrollverfahren durch die Europäische Kommission ist, dass alle beteiligten Unternehmen zusammen einen weltweiten Gesamtumsatz mehr als 5 Mrd. Euro haben sowie, dass mindestens zwei der beteiligten Unternehmen einen gemeinschaftsweiten Umsatz von jeweils mehr als 250 Mio. Euro haben. Wenn die am Zusammenschluss beteiligten Unternehmen jedoch jeweils mehr als 2/3 ihres gemeinschaftsweit erzielten Gesamtumsatzes in ein und demselben Mitgliedstaat erzielen, liegt auch bei einem Erreichen der genannten Schwellenwerte keine gemeinschaftsweite Bedeutung vor (Art. 1 Abs. 2 FKVO). Werden die genannten Schwellenwerte des Art. 1 Abs. 2 FKVO nicht erreicht, so kann dennoch eine gemeinschaftsweite Bedeutung vorliegen, wenn alle beteiligten Unternehmen zusammen einen weltweiten Gesamtumsatz von mehr als 2,5 Mrd. Euro haben, der Gesamtumsatz aller beteiligten Unternehmen in mindestens drei Mitgliedstaaten jeweils 100 Mio. Euro übersteigt, in jedem von mindestens drei der zuvor erfassten Mitgliedstaaten der Gesamtumsatz von mindestens zwei beteiligten Unternehmen jeweils mehr als 25 Mio. Euro beträgt und der gemeinschaftsweite Gesamtumsatz von mindestens zwei beteiligten Unternehmen jeweils 100 Mio. Euro übersteigt. Wenn die beteiligten Unternehmen jedoch jeweils mehr als 2/3 ihres gemeinschaftsweit erzielten Gesamtumsatzes in ein und demselben Mitgliedsstaat erzielen, fehlt es auch hier an einer gemeinschaftsweiten Bedeutung.

Betroffene Unternehmen haben einen Zusammenschluss anzumelden. Ohne Anmeldung und Genehmigung darf der Kauf nicht vollzogen werden (Art. 7 Abs. 1 FKVO). Das Unterlassen der Anmeldung kann mit einer Geldbuße von bis zu 10 Prozent des von den beteiligten Unternehmen erzielten Gesamtumsatzes geahndet werden (Art. 14 Abs. 2 lit. a FKVO).

Die Kommission hat Leitlinien[49] zur Beurteilung, ob durch einen geplanten Zusammenschluss ein wirksamer Wettbewerb erheblich behindert wird, aufgestellt.

Wenn kein Zusammenschluss im Sinne der FKVO vorliegt, kommt bei Hinzutreten weiterer Absprachen unter Umständen eine Kontrolle der geplanten Maßnahme nach Art. 101, 102 AEUV in Betracht.

Rechtsschutz gegen Entscheidungen der Kommission können die beteiligten Unternehmen mit Nichtigkeitsklage (Art. 263 AEUV) vor dem EuG ersuchen. Sogar Schadensersatzansprüche bei fehlerhaften Entscheidungen kommen in Betracht (Art. 340 Abs. 2 AEUV).

[49] Leitlinien für horizontale Zusammenschlüsse, ABl. 2004, C 31/5; Leitlinien für nicht-horizontale Zusammenschlüsse, ABl. 2008, C 265/6.

Closing

1. Vorbemerkungen

Der Begriff des Closing stammt aus der anglo-amerikanischen Rechtspraxis. Oftmals ist damit der Übergabestichtag gemeint. An diesem Tag gehen Besitz, Nutzung, aber auch Risiken und Lasten des Kaufgegenstandes auf den Erwerber über. Aus bilanz- und steuerrechtlichen Gründen bietet es sich meist an, das Ende eines Kalenderjahres als Stichtag zu wählen. Der Abrechnungsstichtag wird oftmals mit dem Übergabestichtag identisch sein, muss es aber nicht.

2. Abstraktionsprinzip

Allerdings versteht man unter dem Closing insbesondere bei einer Verwendung im deutschen Recht darunter auch den Vollzug des Kaufvertrags. Im deutschen Recht gilt – anders als im anglo-amerikanischen – das sog. Abstraktionsprinzip. Das heißt, der (sog. schuldrechtliche) Abschluss und der (sog. dingliche) Vollzug eines Vertrages sind zwei voneinander zu unterscheidende Rechtsgeschäfte. Im Kaufvertrag verpflichtet sich der Verkäufer, dem Käufer die verkaufte Sache frei von Sach- und Rechtsmängeln zu übergeben und das Eigentum daran zu verschaffen, der Käufer wiederum verpflichtet sich zur Zahlung des Kaufpreises (Rechtsgeschäft 1, § 433 BGB). Die Erfüllung dieser Verpflichtungen, also die Übereignung und Übergabe der Sache (Rechtsgeschäft 2, § 929 BGB bei beweglichen Sachen) bzw. Abtretung (§§ 413, 398 BGB bei Rechten) und Zahlung des Kaufpreises erfolgen rechtlich betrachtet separat.

Bei einfacheren Unternehmenskaufverträgen kann sowohl der schuldrechtliche Kaufvertrag selbst als auch die Übereignung in einer einheitlichen Urkunde erfolgen, was sich insbesondere im Hinblick auf die damit verbundene Kostenersparnis bei der notariellen Beurkundung (z. B. bei der Abtretung von GmbH-Anteilen) anbietet (One-Step-Modell).

Oftmals wird jedoch ein zweistufiges Modell (Two-Step-Modell) gewählt, was auch internationaler Standard sein dürfte: Zunächst wird der schuldrechtliche Kaufvertrag abgeschlossen, wobei bereits ein Übergabestichtag mitaufgenommen wird. An diesem Tag wird sodann der Kaufvertrag vollzogen, evtl. wird noch ein separater Vollzugsvertrag (Closing Agreement) abgeschlossen.

3. Bedingungen

Meist müssen vor dem Vollzug jedoch noch diverse Bedingungen erfüllt werden, z. B. Zustimmungen oder Freigabeerklärungen Dritter oder von Behörden (vgl. oben Kapitel 10) eingeholt, Kredite abgelöst, Verträge gekündigt oder sonstige Maßnahmen ergriffen werden. Die Parteien müssen entscheiden, ob der Kaufvertrag mit der Erfüllung der jeweiligen Bedingungen stehen und fallen soll oder ob andere Rechtsfolgen eintreten sollen, wenn bestimmte Ziele nicht erreicht werden (können). Solche Closing Conditions können als „echte“ Bedingungen im Rechtssinne ausgestaltet werden mit der Folge, dass der Vertrag und die davon abhängigen Maßnahmen bis zum Eintritt derselben schwebend unwirksam sind. Treten sie nicht ein, ist der Vertrag unwirksam (§ 158 Abs. 1 BGB). Neben solchen „harten“ Bedingungen können auch Closing Conditions vereinbart werden, die eine andere Rechtsfolge als die Nichtigkeit des gesamten Vertrages vorsehen, wenn sie nicht erfüllt werden. In Betracht kommen z. B. Rücktrittsrechte (Walk-Away-Rights), Entschädigungszahlungen oder Kaufpreisminderungen. Auch wird oftmals vorgesehen, dass eine Partei (oder auch beide Parteien gemeinsam) auf eine für sie günstige Closing Condition verzichten kann. Damit kann der Vertrag dann bei etwa unvorhergesehenen Komplikationen dennoch umgesetzt werden.

Die oben (vgl. Kapitel 10) erwähnten Zustimmungsrechte familien-, gesellschafts- und kartellrechtlicher Art wird man stets als echte Bedingung aufnehmen, da der Kaufvertrag sonst nicht durchgeführt werden darf.

Oftmals werden auch sog. MAC-Klauseln (Material Adverse Change) vereinbart. Mit diesen Klauseln sichert sich insbesondere der Käufer gegen eine Verschlechterung von maßgeblichen Umständen in Zusammenhang mit dem Unternehmen in der Zeit zwischen dem Signing und dem Closing, also der Übergabe des Unternehmens, ab. Ohne eine solche Vereinbarung kann nach dem Gesetz eine Vertragsanpassung oder -aufhebung nur dann verlangt werden, wenn ein Festhalten am Vertrag wegen geänderter Geschäftsgrundlage für die eine Partei nicht zumutbar ist (§ 313 BGB). Die Voraussetzungen, die das Gesetz dafür aufstellt, sind hoch und im Einzelnen umstritten, weshalb in einem Unternehmenskaufvertrag eher mit solchen MAC-Klauseln gearbeitet wird. Die Parteien legen in diesen möglichst genau fest, wann und unter welchen Voraussetzungen eine Vertragsanpassung oder gar ein Rücktrittsrecht verlangt werden kann. Solche Klauseln sind auch wichtig im Hinblick auf die Finanzierung des Kaufpreises: Bisweilen machen Banken die Auszahlung der Kreditsumme von bestimmten Entwicklungen abhängig. Da der Käufer den Kaufpreis oftmals ohne Bereitstellung der Kreditsumme nicht wird aufbringen können, muss dieser Umstand im Kaufvertrag entsprechend berücksichtigt werden.

Mit MAC-Klauseln können z. B. die Rechtsfolgen für den Fall einer (regelmäßig: erheblichen) Verschlechterung des Geschäftsbetriebs (sog. Business MACs, z. B. Wegfall von Kunden), nachteilige Veränderungen im Markt (sog. Capital Market MACs, z. B. Änderung von Rohstoffpreisen) oder auch Folgen von höherer Gewalt (sog. Force Majeure MACs, z. B. Naturkatastrophen, Krieg) geregelt werden. Wichtig ist, dass die relevanten Ereignisse genau umschrieben und auch die Rechtsfolgen – Vertragsanpassung oder Rücktritt etc. – festgelegt werden. Bei den wirtschaftlichen Konditionen werden üblicherweise Schwellenwerte festgelegt, deren Überschreiten dann die gewählte Rechtsfolge auslösen soll. Regelmäßig werden diese Schwellenwerte eher hoch angesiedelt, da ein Rücktritt oder eine Vertragsauflösung für beide Parteien, die den Unternehmensverkauf ja gerade anstreben, nur eine Lösung für „Notfälle" sein soll.

Als weitere Closing Condition kommt beispielsweise eine Zusage des Managements oder anderer wichtiger Know-how-Träger, auch nach einem Inhaberwechsel für eine bestimmte Zeit im Unternehmen zu verbleiben, oder die Auswechselung der Geschäftsführung in Betracht.

4. Closing-Tag

Am vereinbarten Closing-Tag wird zunächst geprüft, ob die Voraussetzungen für den Vollzug, die als echte Bedingungen vereinbart wurden, vorliegen. Der Verkäufer sichert außerdem oftmals zu, dass alle zum Signing gegebenen Zusicherungen noch zutreffend sind (sog. Bring-Down). Die Parteien bestätigen, dass nach ihrer Auffassung zwischenzeitlich kein Ereignis im Sinne einer MAC-Klausel eingetreten ist. Schließlich wird natürlich der Kaufpreis bezahlt und das Unternehmen auf den Erwerber übertragen. Ggf. muss auch hier wiederum die notarielle Beurkundung erfolgen (z. B. bei der Übertragung von GmbH-Anteilen (§ 15 Abs. 3 GmbHG), oder wenn Grundstücke übereignet werden, §§ 873, 925 BGB).

Der Kaufpreis wurde bisweilen zuvor schon auf ein Treuhandkonto bezahlt, so dass am Closing-Stichtag der Zahlungseingang festgestellt und die Weiterleitung an den Verkäufer veranlasst werden kann. Ansonsten kann die Zahlung des Kaufpreises auch als letzte aufschiebende Bedingung für die Übereignung des Unternehmens bzw. der Abtretung der Anteile formuliert werden, so dass der Käufer das Eigentum erst mit dem Zahlungseingang beim Verkäufer erwirbt.

Praxis-Tipp:

In jedem Unternehmenskaufvertrag sollte ein Übergabestichtag festgelegt werden. Auch Regelungen, wie und unter welchen Bedingungen die Übergabe vollzogen werden soll, dürfen nicht fehlen!

12. Glossar

Asset Deal	Es werden nur einzelne Gegenstände des Unternehmens, auch Forderungen oder Verträge übernommen.
Binding-Offer	Verbindliches Angebot für den Kauf
Break Fee	Pauschale Strafzahlung für den grundlosen Abbruch von Vertragsverhandlungen
Bring-Down	Zusicherung des Verkäufers beim Closing, dass alle beim Signing gegebenen Zusicherungen noch zutreffen
Cap	Haftungshöchstgrenze
Change-of-Control-Klausel	Vertragliches Kündigungsrecht bei einem Inhaberwechsel
Closing	Vollzug des Unternehmenskaufvertrages
Closing Agreement	Vollzugsvertrag
Closing Conditions	Vollzugsbedingungen
Confidentiality Agreement	Vertraulichkeitsvereinbarung
Culpa in contrahendo	Verschulden bei Vertragsschluss
DCF-Methode	Discounted-Cash-Flow-Methode
Dept Equity Swept	Einbringung einer Forderung gegen die Gesellschaft als Sacheinlage gegen Anteilsgewährung. Die Forderung erlischt.
Distressed M&A	Kauf eines Unternehmens in der Krise oder Insolvenz
Draft of SPA	Kaufvertragsentwurf
Earn-Out-Klausel	Kaufpreisanpassungsklausel
Exklusivitätsvereinbarung	Zusage des Verkäufers, mit einem favorisierten Kaufinteressenten exklusiv zu verhandeln
Face-to-Face-Geschäft	Wertpapiertransaktion unmittelbar zwischen Käufer und Verkäufer außerhalb der Börse
Fact Book	Knappe Information über das zum Verkauf stehende Unternehmen ohne rechtliche und wirtschaftliche Bewertung

IDW	Institut der Wirtschaftsprüfer in Deutschland
Indicative Offer	Vorläufiges Angebot im Bieterverfahren
Information Memorandum	Ausführliche Darstellung der kaufpreisrelevanten Umstände des Unternehmens durch den Veräußerer zur Information für den Kaufinteressenten
LBO	Leveraged Buy-Out
Letter of Intent (LoI)	Schriftliche Absichtserklärung über Vertragsverhandlungen
Leveraged Buy Out	Finanzierung des Unternehmenskaufs überwiegend mit Fremdkapital. Sind die Zinsen niedriger als die zu erwartende Gesamtrendite, steigt die Eigenkapitalrendite. Vorsicht bei höheren Zinsen! Dann Umkehrung des Effekts!
MAC-Klausel	Material-Adverse-Change-Klausel (vertragliche Absicherung gegen bestimmte Umstände, die zwischen Signing und Closing eintreten)
Management Buy Out	Leitende Mitarbeiter kaufen das Unternehmen. Zu achten ist auf potentielle Interessenkonflikte, denn die Käufer sind auch für das Unternehmen selbst tätig und haben somit nicht nur eigene (Käufer-)Interessen, sondern auch die des Unternehmens zu wahren.
MBI	Management-Buy-In
MBO	Management-Buy-Out
Non-Binding-Offer	Vorläufiges Angebot eines Interessenten, in der Regel im Rahmen eines Bieterverfahrens
Non-Disclosure-Agreement (NDA)	Vertraulichkeitsvereinbarung, die mit dem Interessenten abgeschlossen wird insb. für den Fall, dass es später doch nicht zum Vertragsabschluss kommt
Pricing	Preisfindung, Preisgestaltung
Process Letter	Ablaufplan im Bieterverfahren
Sale & Purchase Agreement (SPA)	Kaufvertrag

Share Deal	Es werden Anteile am Unternehmen gekauft.
Share Purchase Agreement	s. SPA
Side Letter	Nebenabreden, Zusatzvereinbarungen zum Unternehmenskaufvertrag
Signing	Unterzeichnung des Unternehmenskaufvertrages
SPA	Share Purchase Agreement = Anteilskauf, s. a. Share Deal
SPA Mark-Up	Änderungsvorschläge zum Kaufvertrag
SPV	Special Purpose Vehicle = Erwerbsgesellschaft
Teaser	Kurz-Info über das Unternehmen in anonymisierter Form für potentielle Kaufinteressenten („Anreiz-Text“)
Vendor Due Diligence Report (VDD-Report)	Ausführlicher Bericht des Verkäufers über die rechtlichen und wirtschaftlichen Verhältnisse im Unternehmen
Vinkulierung	Zustimmungsvorbehalt betr. Übertragung von Gesellschaftsanteilen
Walk-Away-Right	Rücktrittsrecht

Stichwortverzeichnis